巧吃妙用葱姜蒜

李罡◎主编

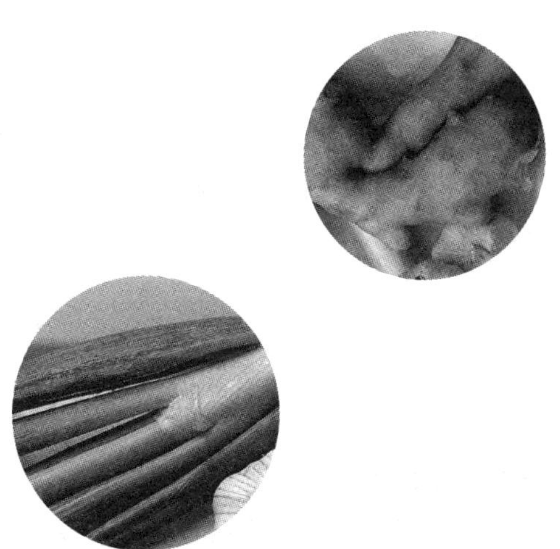

中国纺织出版社有限公司

图书在版编目（CIP）数据

巧吃妙用葱姜蒜 / 李罡主编 .—北京：中国纺织出版社，2015.2（2025.4重印）

ISBN 978-7-5064-9946-0

Ⅰ . ①巧…　Ⅱ . ① 李…　Ⅲ . ①葱—基本知识②姜—基本知识③大蒜—基本知识Ⅳ . ① S633 ② S632.5

中国版本图书馆 CIP 数据核字（2014）第 245733 号

本书参编人员

蔡　鸣 李瑶卿 蔡丽雯 蔡正时 杨其仪 张　华 雷亚平 秦　高 秦西汉 潘　茜 宋建忠

责任编辑：张小敏　　责任校对：高　涵　　责任印制：王艳丽

中国纺织出版社出版发行

地址：北京市朝阳区百子湾东里 A407 号楼　邮政编码：100124

销售电话：010 — 67004422　传真：010 — 87155801

http: //www.c-textilep. com

E-mail: faxing@c-textilep. com

中国纺织出版社天猫旗舰店

官方微博 http://weibo.com/2119887771

北京兰星球彩色印刷有限公司　各地新华书店经销

2015年2月第1版　2025年4月第2次印刷

开本：710 × 1000　1/16　印张：11

字数：150 千字　定价：68.00 元

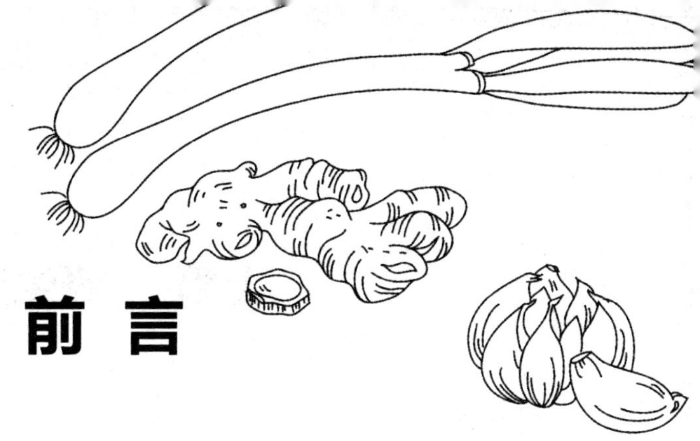

前言

葱、姜、蒜是我们一日三餐不可缺少的食材，炒菜、煲汤、熬粥，很多地方都要用到。除了作为食材用，葱、姜、蒜还有不少保健功效，并且还被广泛地应用于家居生活，有很多您不知道的妙用。

葱香有挥发性，一受热便会散发出来，呈现出浓郁的香味。所以用葱花炝锅的时候特别的香。中医认为，葱性温，味辛，具有祛风发表、通阳发汗、清肺健胃、解毒消肿的功效。用葱提炼出的葱素，对心血管硬化有较好的疗效。葱还有增强纤维蛋白溶解活性和降低血脂的作用，有助于消散凝血块，预防血栓生成。经常吃葱的人，胆固醇不易在血管壁上沉积，患动脉硬化、冠心病的可能比一般人要少得多。

生姜为姜科多年生草本植物姜的鲜根茎，呈黄色或灰白色。生姜是日常饮食中一种重要调料，可将自身的辛辣味和芳香味渗入菜肴中，使之鲜美可口，生姜味辛，性微温，具有发汗解表、温中散寒、和胃止呕的功效。现代研究表明，生姜可以防癌、抗炎、抗过敏、预防胆结石、软化血管、改善血液循环。生姜是温性食物，与凉性食物搭配可起到中和作用。另外，生姜还可用于去腥除膻、其他食材的保鲜防腐等。

人们常喜欢把蒜作为调料，因为炒菜做汤时加入适量的蒜，能增加菜和汤的香味。中医认为，蒜性温，味辛，具有杀虫除湿、温中消食、化食消谷、解毒、破恶血、攻冷积等功效。

葱、姜、蒜，食材虽小，作用却大，可谓厨房里的宝物，您不妨跟随本书介绍的内容，在日常的饮食和家居生活中试试看，也许能带给您意外的收获和惊喜。本书中提供的食疗小方，请根据自身身体状况谨慎选择，最好先咨询专科医生后再使用，以免引发身体不适。

编者

2014 年 11 月

上篇　好生活不离葱

中篇　好生活不离姜

下篇　好生活不离蒜

上篇 好生活不离葱

葱的营养丰富，是人们制作菜肴常用的一种调味品，其辛辣香味较重，应用较广，既可作辅料，又可作调味品。根据菜肴的不同烹调方法，应选用不同品种的葱。从保健角度看，葱具有祛风解表、通阳发汗、清肺健胃、解毒消肿等保健功效。

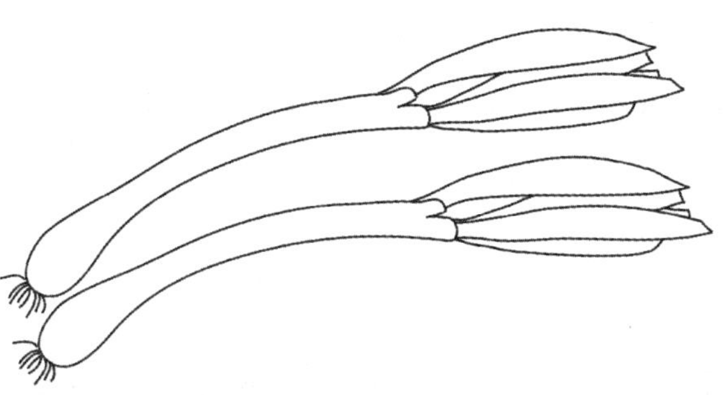

葱的故事多

历史悠久的葱文化

葱的溯源

葱，是我国古代五大名菜（葵、藿、薤、韭、葱）之一，分为大葱、香葱、分葱、胡葱、楼葱、韭葱等不同种类。大葱，古书又称“汉葱”“京葱”“木葱”“芤”“菜伯”“和事草”“鹿胎”等。

中国关于葱的记载始见于《山海经》《尔雅》，此后《礼记》《论语》《神农本草经》《食疗本草》《齐民要术》《清异录》等古籍均有关于葱的食用和疗效的大量记载。《山海经》中有葱的分布记录，《山海经·北山经》中有“又北百一十里曰边春之山，多葱、葵、韭、桃、李”。《尔雅·释器》中有“……青谓之葱，黑谓之黝”。《礼记》曰：“凡进食之礼，葱□处末。”又曰：“脍春用葱，脂用葱，为君子择葱薤。”汉代《四民月令》中有“二月别小葱，六月别大葱，七月可种大、小葱。夏葱日小，冬葱日大”的描述。南北朝时贾思勰的《齐民要术》中详细介绍了黄河中下游地区葱的种植方法。李时珍在《本草纲目》中记载："葱从囱。外直中空，有囱通之象也。芤者，草中有孔也，故字从孔，芤脉象之。葱初生曰葱针，叶曰葱青，衣曰葱袍，茎曰葱白，叶中涕曰葱苒。诸物皆宜，故云菜伯、和事。"

大葱起源于亚洲西部高寒地区，如我国西部和俄罗斯西伯利亚地区。野生葱在中国经栽培、选择，已培育出许多优良品种。葱在我国栽培历史已超过3000年，我国是世界上栽培大葱面积最大的国家，也是世界上唯一出口大葱的国家，常年出口东南亚及欧美地区。在我国北方，大葱不仅是调味料，还是重要的食用蔬菜。在长江以南地区，大葱栽培较少，分葱栽培较多，均以调味为主，也已成为人们膳食中的必需品。

葱的栽培历史

葱属植物资源丰富、品种繁多，主要分布在北温带，全世界约有700多种，我国有110多种。葱属植物的适应性强，生存范围广，有较高的经济价值，可食用、药用、饲用和观赏等。

我们日常食用的大蒜、洋葱、韭菜、葱、沙葱等，均是该属植物的鳞茎或叶子。葱属植物自古以来就被人们用作民间医药品。

葱属百合科多年宿根草本植物，因其富含蛋白质、糖类、矿物质等营养成分而被广泛用作食用蔬菜和调味品。随着近年来物理、化学分析方法的不断发展，研究发现，葱亦含有硫化物、甾体化合物及黄酮化合物等活性成分，具有一定的抗菌、抗真菌、抗血小板聚集、抗癌、抗病毒、降血脂、降血糖等药理作用。

在我国，大葱主要产于黄河中下游地区和秦岭淮河以北，现今主要名品有山东章丘大葱、河南焦作延陵大葱、陕西华县谷葱、辽宁盖平大葱、北京高脚白大葱、河北隆尧大葱、山东莱芜鸡腿葱、山东寿光八叶齐葱。分葱，又称四季葱、菜葱、冬葱，主要产于长江以南地区，此类葱适用于烹调，辛香味浓。细香葱、胡葱，主产于福建、两广（广东、广西）地区。而楼葱、韭葱在全国各地均有少量栽培。

葱的品种

葱可分为大葱、分葱、楼葱和胡葱 4 种类型。

(1) 大葱：品种多，品质佳，栽培面积大。按其葱白的长短，又有长葱白和短葱白之分。长葱白辣味浓厚，著名品种有辽宁盖平大葱、北京高脚白大葱、陕西华县谷葱等；短葱白的葱白短粗而肥厚，著名品种有山东莱芜鸡腿葱、河北的对叶葱等。

(2) 分葱：叶色浓，葱白为纯白色，辣味淡，品质佳。

(3) 楼葱：洁白而味甜，葱叶短小，品质欠佳。

(4) 胡葱：多在我国南方地区栽培，质柔味淡，以食葱叶为主。

大葱的美丽传说

在民间传说中，大葱原本是天上王母娘娘后花园药圃中的一种“药花”，和牡丹、芍药、菊花、玫瑰等互为姐妹。有一天，王母娘娘忙着筹办蟠桃会，药圃众姐妹在牡丹姐姐的建议下，拨开云雾，偷看人间。人间却正在遭受着瘟疫的折磨。瘟疫婆疯狂地跳着舞，传播着瘟疫。姐妹们看了不寒而栗，流出了同情的泪水。葱仙女更是深感沉痛，她愧疚地说：“我们枉为花药，却无能为力！”

众姐妹问道：“能有什么解救办法呢？”葱仙女说：“我们为什么不能用自己的精灵，去拯救受苦受难的世人呢？”

姐妹们欢呼雀跃起来。牡丹姐姐首先舒展广袖，把牡丹花瓣上的甘露全部洒向人间。姐妹们向人间望去，人间的瘟疫没有被驱除，瘟疫婆仰天大笑。牡丹姐姐无奈地哀叹了一声。芍药又轻轻抖起了长袖，霎时，人间飘满了芍药的落英，馨芳浸染了整个大地。只见瘟疫婆抖动着身子，把落英吹得无影无踪，并指手画脚对着天空大骂起众姐妹。菊花生气了，她愤怒地甩开了袖子，生出一阵狂风，把菊魂吹到了人世，与瘟疫婆格斗了起来，可还是失败了。接着，玫瑰、百合、茴香、蒲公英……均使出了仙法，可是也都失败了。大家的目光一起投向了葱妹妹。

葱妹妹望望大家，又望望人间，紧紧咬了几下牙，伸开双臂，绿色的羽衣便在白色云端飞舞起来。顿时，天地朦胧，风急雨狂，一股强烈的辛辣味呛得瘟疫婆喘不过气，睁不开眼。葱仙女舞呀舞，风刮呀刮，雨下呀下，半天工夫，天空中的浊气被消除得干干净净，大地被洗刷得焕然一新。

葱仙女耗尽了全身的力量，洒尽了全身血汗，晕倒在云端里。姐妹们望着她那憔悴的面容，哽咽着把她扶回天宫。葱仙女渐渐苏醒过来，慢慢睁开眼睛，望望人间，高兴地笑了。

王母娘娘开罢蟠桃盛会回来，姐妹们都前去请安。王母娘娘问道："葱仙女为何不来？"牡丹姐姐急忙屈膝向前奏到："启禀娘娘，葱妹妹为世人做了一件大好事。累病卧床，无法前来请安。"牡丹仙女把葱妹妹洒血化雨战胜瘟疫的事说了一遍。谁知，王母娘娘把脸一沉，训斥道："大胆，这次瘟疫是人间怠慢天庭，玉帝恼怒，惩罚而施。小小葱女，竟敢妄作非为，这还了得！给我打入下界，牧放石羊！"

从此，在章丘老城北的女郎山上，出现了一尊绿色仙女石像。她手执羊鞭，牧放山上的石羊，这就是被罚下天庭的葱仙女。她立在山顶，凝望着人间。瘟疫婆又在逞凶发狂，沟沟躺死尸，村村断炊烟。葱仙女望着人间的苦难，吞咽着伤心的泪水。

一天，山顶上的石像突然变成一株大葱，深翠的叶，雪白的茎，叶顶上长着一团淡绿色的绒球花。花谢后，长出了一粒粒小黑子。染上瘟疫的人只要用鼻子嗅一下大葱溢出的芳香，身体马上就会健康起来。人们从四面八方赶来治病，女郎山下，人山人海。

瘟疫婆将这事禀报了王母娘娘，王母娘娘转禀玉帝，玉帝大怒。雷公奉旨下到人间，一个霹雳炸碎了这棵大葱。

葱仙女粉身碎骨了，可是那黑色的种子却崩散在女郎山下。不久，地上长出一片片葱秧。人们把葱秧带到各地种植起来，再也不怕瘟疫婆逞凶了。

过了 3000 年，王母娘娘又忙着开蟠桃会，牡丹仙女和众姐妹们才得空偷看人间。只见女郎山下，一片片青翠的大葱，频频向天庭上的姐妹们招手。牡丹仙女愤恨地说："姐妹们，与其在天庭整日被王母虐待，倒不如去人间和葱妹妹作伴，过自由自在的生活。"于是，药花们一起离开天庭来到人间。从此，人间便有了百花和诸药，为人们驱疫治病。

老话说葱

"你算哪根葱"

葱在古人的饮食、生活中占有重要位置，因此，在迎新娶亲中常被作为重要礼品馈赠。两根连根大葱，既表示喜结连理（水乡种植莲藕的地方一般送莲菜），也表示繁衍丛生（茂盛，葱是分蘖生长，青葱旺盛），还表示祛病避邪。

由于葱在结亲中具有非同一般的意义，长期以来，逐渐演化为结亲的男女互称对方为"那根葱"，表示关系非同一般的人。可是，在日常生活中，常有一些人爱在已经结了亲的男女周围骚扰，不讨人喜欢，尤其是遭到女士的反感。女人为了维护自己的尊严和婚姻的安全，便会用软中带硬的幽默语诘问那些不受欢迎的男人："你算哪根葱？"以表示自己有丈夫和你不如我丈夫优秀的含义，所以，"你算哪根葱"便有了藐视别人的意思。

“鼻子不通，吃点大葱”

葱是一味在民间广泛使用的良药。过去民间主要用葱来治疗鼻塞不通、伤风感冒、筋伤红肿。李时珍的《本草纲目》说它：“性味辛平、甘温，能治寒热、外感和肝中邪气。”用葱白二两，淡豆豉一把煎汤服用，是中医治感冒的良方“葱豉汤”；如果加几片姜一起煮，趁热喝下，出点汗，效果更好。民间常用三根汤（即用葱根、白菜根、萝卜根煮水）来预防和治疗感冒。现代医学研究表明，葱能刺激汗腺，有发汗解表的作用，并能促进消化液分泌而有健胃功效。抗菌实验表明，大葱有较强的杀菌作用，对痢疾杆菌、葡萄球菌、皮肤真菌等都有杀灭或抑制作用。冬季呼吸道传染病和夏季肠道传染病流行时，吃点大葱，对预防上述疾病大有好处。

“大葱蘸酱，越吃越棒”

过去，到了冬天，我国北方很多家庭的当家菜是大白菜、萝卜、大葱。其中大葱既是拌菜的香辛调味料，也是炒菜时炝锅的佐料。

从现代营养学的角度来看，大葱蘸酱是一道健康菜。大葱是蔬菜，富含胡萝卜素、维生素 C、膳食纤维，有无脂肪、低热量的优点。酱也是一种健康食品，是用面粉或豆类经蒸制、发酵，加盐和水制成的糊状物。其中用小麦、大麦面粉制成的称为面酱，有甜、咸之分；以黄豆、黑豆、豌豆、红小豆制成的叫作豆瓣酱，品种十分繁杂。吃大葱蘸酱，还可根据食者的口味爱好，加入辣椒、花生、芝麻、鱼、虾、肉、野味等制成各种不同的风味。北京烤鸭就有葱酱作配料。

葱的功用

葱里的活性物质

（1）含硫化合物：葱因含有含硫化合物而具有特殊的芳香气味，这种含硫化合物多存在于挥发油中。目前已从葱属植物中分离鉴定出了 90 多种含硫化合物，多为链状硫醚，两侧的取代基为对称或混合的甲基、丙基、丙烯基及戊丙基，主要成分有甲基烯丙基二硫、二烯丙基三硫、阿霍烯和葱辣素等。

（2）甾体化合物：主要是异螺甾烷醇、呋甾烷醇分别与 D- 葡萄糖、D- 半乳糖、D- 木糖、L- 鼠李糖、L- 阿拉伯糖等组成的单糖苷和多糖苷。此外还可分离出胆甾糖苷。

（3）黄酮类化合物：主要有黄酮醇类和花色素类。近年来，研究人员已从 5 种葱属植物中分离鉴定了 26 种黄酮苷，多为山柰酚、异鼠李素和槲皮素与葡萄糖组成的单糖苷和四糖苷，花色苷主要由花青素、天竺葵配基、芍药苷配基等与脂肪酸或葡萄糖组成。

（4）多糖：主要有木糖、树胶醛糖、半乳糖和葡萄糖等。

（5）含氮化合物及其他成分：腺苷、生物碱、核苷酸、氨基酸等含氮化合物；维生素 B_1、维生素 B_2、烟酸和维生素 C 等维生素及香豆酸、亚麻酸、前列腺素 A_1、前列腺素 B_1、超氧化物歧化酶等化合物；碘、硒、钙、铁、锗等元素。

葱的药理及生理作用

⊙提振食欲、增重：实验显示，葱能显著增加动物胃液分泌，增加胃肠蠕动，刺激食欲，提高采食量。研究表明，葱对动物具有较强的诱食作用，可通过嗅觉、味觉对大脑反应性调节，促使消化液分泌增加，增强肠道蛋白酶活性和淀粉酶活力，加快分解消化饲料的速度，加强胃肠蠕动，缩短摄食时间。

⊙抑菌消炎：硫醚等多种化学成分通过与半胱氨酸反应，抑制巯基酶活性和脂类物质代谢来抑制或杀灭微生物。葱提取物对 5 种供试菌的抑制效果大小顺序为：酵母菌 > 青霉 > 黑曲霉 > 金黄色葡萄球菌 > 大肠杆菌，并且在中性和酸性条件下抑菌效果较佳；此外，紫外线照射对供试菌的抗菌效力影响不大。

⊙降血糖、降血脂及预防动脉粥样硬化。

⊙抗血小板凝集：葱中的含硫化合物与血小板受体上的半胱氨酸残基和跨膜蛋白、血浆蛋白上游离的 -SH 反应，从而达到抑制血小板凝集的作用。

⊙抗肿瘤：葱对肿瘤细胞的增殖有抑制作用，也可能诱导肿瘤细胞凋亡，能提高恶性肿瘤患者的淋巴细胞免疫功能，通过细胞免疫和体液免疫的直接或间接作用杀伤肿瘤细胞，对胃癌、结肠癌、肝癌、肺癌、前列腺癌、乳腺癌、卵巢癌、胃腺癌、白血病等多种肿瘤均有明显抑制作用。

⊙提高人体免疫力。

葱的健康学问

中医说葱

葱，古代亦称芤、菜伯(《本草纲目》)、和事草(《清异录》)、鹿胎等。李时珍说："葱，从囱，外直中空，有囱通之象也。"同时，他还对葱的各部分及其别名作了解释，说"葱初生曰葱针，叶曰葱青，衣曰葱袍，茎曰葱白，叶中涕曰葱苒。诸物皆宜，故云菜伯、和事"。至于"乳"，则解释道"草中有孔，因葱叶中间有孔道，所以称为乳"。晋代，王叔和在《脉经》中把脉象归纳为 24 种，其中一种名为"芤脉"，是说手指按于患者"寸口"动脉处颇似按在葱管上的感觉。

《本草经集注》卷第七中增加了葱白的功能主治，"其茎葱白：平，可作汤，主治伤寒寒热，出汗，中风面目肿，伤寒骨肉痛，喉痹不通，安胎，归目，除肝邪气，安中，利五脏，益目精，杀百药毒。"另外，还记载了葱根及葱汁作为药用的功效，曰："葱根：主伤寒头痛。葱汁，平，温，主溺血，解黎芦毒。"

明代《本草纲目》对葱的各药用部位表述已经很全面，并增加了葱花、葱须作药用。载："葱茎白，辛，平。叶，温。根须：平。并无毒。作汤，治伤寒寒热，中风面目浮肿，能出汗。伤寒骨肉碎痛，喉痹不通，安胎，归目益目睛，除肝中邪气，安中利五脏，杀百药毒。根：治伤寒头痛。主天行时疾，头痛热狂，霍乱转筋，及奔豚气、脚气，心腹痛，目眩，止心迷闷。”对葱茎白、葱根等部位的药用功效研究有了很大进展，已经相当全面，而对葱实的应用仍局限在最初的“明目，补中不足”。

到了清代，黄宫绣著的《本草求真》、汪昂著的《本草备要》、吴仪洛著的《本草从新》、周岩著的《本草思辨录》中，均记载了葱白和葱叶可以入药。

在现代，研究者将葱的功效总结为：“葱子，辛，温，归肺、肝、胃经。补中益精，明目散风。用于肾虚，目眩，风寒感冒。”又将葱实重新列为常用的中草药，并在用法中明确了其有治疗伤风感冒的功效。

葱的内用偏方

感冒

⊙川芎 10 克，葱白 10 克，茶叶 10 克。加水煎汤，去渣取汁代茶饮。适用于感冒初起者。

⊙葱白 9 ~ 15 克，生姜 2 克。将材料洗净切碎，用沸水冲泡，加入适量醋，趁热服用，出汗后感冒症状即可缓解本方适用于风寒感冒。

⊙葱白 3 段，淡豆豉 10 克，大米 50 克。将大米淘洗干净，加水按常法煮粥，待粥将熟时加入葱白和淡豆豉，再煮数沸，加入适量白糖。日服 1 剂，趁热食用。本方具有发汗解表的食疗（饮食疗法）功效，适用于风寒感冒。

流感

⊙葱白 500 克，大蒜 250 克，切碎加水 1500 毫升煎煮，日服 3 次，每次 400 毫升。

急性支气管炎

⊙鸭梨 500 克，薏苡仁 100 克，冰糖 1000 克。将薏苡仁洗净，水浸泡后捞起沥干；鸭梨去皮、核，切成黄豆大小的丁。以上 3 味加水 1000 毫升，烧开后熬煮至熟即成。日服 1 剂，分数次食用，凡脾胃虚寒、泛吐清涎、大便溏泄、腹部冷痛、肺寒咳嗽及产妇应慎食。本方具有清热除烦、清心润肺、生津解渴、止咳化痰的功效。

⊙长 3 厘米的大葱白 5 段，生姜 5 片，糯米 60 克，食醋 5 克。将糯米淘洗干净，与葱白、生姜一同加水按常法煮粥，待粥熟后加入醋，调匀即成。日服 1 剂，分 2~3 次吃完。本方具有散寒发表、温中止咳、温通经络、活血止痛的食疗功效。

慢性支气管炎

⊙鸭梨 3 个，藕 1 节，荷梗 1 根，橘络、甘草各 3 克，生姜 3 片，莲子心 10 根，玄参 6 克。鸭梨、藕、姜分别去皮，捣汁。荷梗切碎；玄参切片；与橘络、甘草、莲子心一同入锅，加适量水共煎 30 分钟，晾温，过滤去渣。再与梨、藕、姜汁混合搅匀，代茶频频饮之。本方具有润肺生津、止咳的功效。

消化不良

⊙吴茱萸6克，葱白5克，生姜5克，茶叶6克。以上材料加水煎汤。顿服，每日2剂。本方具有行气和胃、消食的功效。

⊙鹌鹑1只，党参15克，山药30克，葱、生姜、盐适量。将鹌鹑宰杀去毛及内脏，洗净切块。党参、山药分别洗净切片，与鹌鹑肉、葱、姜一同入锅，加适量水，用大火煮沸后转用小火慢炖至鹌鹑肉熟烂，加精盐调味，饮汤吃肉。本方具有健脾养胃、助消化的功效。

腹痛

⊙仙灵脾100克，陈皮15克，豆豉30克，黑豆皮30克，连皮大腹槟榔3枚，肉桂30克，生姜3片，葱白3根。将材料共研碎，入布袋，用黄酒1000毫升浸泡，煎煮20分钟，取出放凉日服2次，每次服10～20毫升，可缓解寒性腹痛。凡阴虚内热，症见潮热、盗汗、口干舌红者忌服。

⊙吴茱萸9克(炒焦)，桃仁9克(去皮尖)。两者共研细末，加葱白3根煨熟。再加入白酒80毫升，煮1分钟，去渣，温服，日服1剂，分2次服完。本方能温中驱寒、行气止痛。

呕吐

⊙防风10克，藿香5克，葱白3克，白豆蔻3克。将材料放入砂锅中，加水煎汁，去渣取汁；另将大米100克淘洗干净后加水煮粥，待粥快熟时加入药汁，略煮片刻。日服1剂，分数次食用。本方健脾利温、温中止呕。

⊙糯米50～100克淘洗干净，然后与生姜3～5克一同入砂锅内煮一二沸；

加入带须葱白 5 ~ 7 根，待粥将成时加醋 10 ~ 15 毫升，稍煮。每日 1 次，趁热食用。本方温胃止呕。

⊙葱（带根须）7 根，切碎研烂；加入白酒 150 毫升，煎煮成 50 毫升，去渣，口服，1 剂分 3 次服完。本方温胃止呕。

心绞痛

⊙薤白 15 克（鲜品 60 克），葱白 2 根，面粉 150 克。将薤白、葱白分别洗净切碎，加面粉用冷水和匀，调入沸水锅中煮熟即成。日服 1 剂，分数次食用。本方具有宽胸止痛、行气止痢的功效。注意发热的病人不宜服用。

泌尿系统感染

⊙甘草 6 克（炙），山栀子 6 克，瞿麦 12 克，生姜 3 片，葱 3 根，灯心草 3 克。前三味研粗末，加 1000 毫升水、生姜、葱、灯心草，煎至 500 毫升，食前服。本方具有清热通淋的功效。

⊙葱白 3 根，鲜灯心草 50 克，鲜丝瓜 150 克。将丝瓜洗净去皮、切成小块，与葱白、灯心草一同放入锅中，加适量水，煎汤，取汁去渣。日服 1 剂，分 2 ~ 3 次服完。本方具有清热解毒、利尿消肿的功效。

慢性肾炎

⊙鲤鱼 1 条（约 750 克），糯米 50 克，葱白、豆豉各适量。将鲤鱼去鳞及内脏，洗净后放入锅中，加水炖煮至水减半时，去鱼留汤，将淘洗干净的糯米、葱白、豆豉一同入锅，用大火烧开后转用小火熬煮成粥。日服 1 剂。本粥具有下水气、利小便的功效，适用于慢性肾炎水肿、妊娠水肿等症。

水肿

⊙鲜丝瓜150克，洗净去皮切成小块，与葱白3根、鲜灯心草20克一同放入锅中，加清水适量，煎汤，取汁去渣。日服1剂，分2～3次服完。本方能利水消肿。

⊙鲜车前叶60克，葱白3根，均洗净切碎，同入砂锅，加水200毫升煎至100毫升。去渣后与淘洗干净的100克大米一同加水1000毫升煮粥，日服1剂，分2～3次食用，5～7天为一个疗程。本方能清热利水。需注意，但凡有遗精、遗尿者不宜服用。

头痛

⊙川芎10克、葱白10克、茶叶10克。将以上3味加水煎汤，去渣取汁，代茶饮。本方具有祛风、通阳、止痛的功效，适用于外感风寒头痛。

⊙白僵蚕适量，葱白6克，茶叶(以绿茶为佳)3克。将白僵蚕焙干后研成细末。每次取3克药末，以葱白、茶叶煎汤调服，每日1～2次。本方具有祛风止痛的功效，适用于偏头痛、头痛。

神经衰弱

⊙葱白2根，红枣5枚。将红枣洗净后用水浸泡，葱白洗净备用。再将红枣放入锅内，加适量水，用大火烧开约20分钟后，再加葱白继续煎熬10分钟。不拘时服用。本方具有安心神、益心智的食疗功效。

新生儿小便不通

⊙葱白 9 ~ 12 厘米，母乳适量。将葱白研泥，拌入母乳中，将拌好的葱白母乳放入小儿口内，让小儿吮吸，服下不久，小便即通。本方具有清热利尿的作用。

麻疹

⊙胡荽 50 克，葱须 20 克，生甘草 10 克。以上 3 味加水煎汤洗身，每日 1 次。本方具有辛凉透表的功效，适用于麻疹初期。

⊙香菜 15 克，大葱(带须根)3 根。以上 2 味一起放锅内，加水煎煮取液 150 毫升，趁热 1 次服完。每日 1 剂，连服 3 ~ 5 天，1 岁以下小儿药量酌减。本方具有辛凉透表的功效，适用于麻疹初期。

小儿感冒

⊙葱白 30 克。葱白洗净切碎，加 3 杯水煎至 2 杯，趁热喝 1 杯，30 分钟后加热再喝 1 杯。本方具有疏风散寒的作用，适用于小儿感冒恶风、发热、鼻塞等。

⊙细香葱 2 ~ 3 根，老生姜 1 片，红糖适量。将细香葱、生姜片分别冲洗干净，置小锅内，加 300 毫升水，煎至 100 毫升，去渣留汁，加少许红糖即成。趁热服用，每晚 1 剂，连服 3 天，服汤后盖被取微汗，避风。本方具有发表解汗、止咳的功效，适用于小儿风寒感冒伴咳嗽。

小儿咳嗽

⊙葱白2根，淡豆豉5克，陈皮3克，红糖适量。将前3味加水煎取汁，调入红糖，每日分2～3次服用。本方具有散寒宣肺的功效，适用于小儿风寒咳嗽。

小儿腹痛

⊙吴茱萸3克，大米30克，生姜1片，葱白1根。将吴茱萸研为细末。锅中加适量水，下入大米煮粥，粥熟后下吴茱萸末、生姜、葱白，继续煮10分钟。每日1次，温服。本方具有温中散寒、理气止痛的功效，适用于腹部受寒型小儿腹痛。

小儿蛔虫病

⊙鹅不食草6克，大葱汁2克，百部6克、槟榔6克。以上4味加水煎煮，去渣取汁饮服，每日2次。本方具有安蛔驱虫、调理脾胃的功效。

⊙葱白适量。将葱白洗净切碎，捣烂绞汁，调入1匙生麻油，空腹服下，每日2次，连服3日即可。本方具有安蛔驱虫、调理脾胃的食疗功效。

痛经

⊙吴茱萸2克，大米50克，生姜2片，葱白2根。将吴茱萸研为细末。将大米淘洗干净入锅，加500毫升水，用大火烧开，再转小火熬煮至米熟，加入吴茱萸末及生姜片、葱白，共煮成粥。日服1剂，3～5天为1疗程。本方具有温中散寒、补脾暖肾、止痛止吐的功效，适用于虚寒性痛经等症。注意，一切热证、实证或阴虚火旺者不宜服用。

⊙生姜片15克，葱白3段，红糖20克。以上材料共加水煮沸15分钟。趁热顿服，每日1剂，连服5日。本方具有散寒、活血、止痛的食疗功效，适用于寒湿凝滞型痛经。

妊娠期尿路感染

⊙鲤鱼1条(约500克)，葵菜500克，葱白125克。将鲤鱼去鳞及内脏，锅中加适量清水，将鲤鱼与葵菜、葱白一起下锅煮熟，加少许盐，吃鱼喝汤。本汤具有清热解毒的食疗功效。

产后血晕

⊙茶叶末6克，菊花、当归(酒洗)、旋覆花(去梗叶)、荆芥穗各3克，葱白10克。水煎服,服后去枕仰卧。具有疏风解表、消痰降逆、养血止晕的功效。

产后大便难

⊙葱、茶叶末各适量。将葱捣后取汁涎，调茶叶末，调匀后服用。本方具有润肠通便的食疗功效。

⊙茶叶末3克，葱白5克。将以上材料放入茶杯，用沸水冲泡。代茶温饮，每日1～2剂。本方具有导气通便的食疗功效。

产后缺乳

⊙猪蹄1～2个，通草3～5克，漏芦10～15克，葱白2根，大米100克。将猪蹄煎取浓汤，再将通草、漏芦加水煎取药汁，与淘洗干净的大米一同煮粥，待粥快熟时加葱白稍煮即成。日服2次，依个人食量，趁温热食用。本方具有通乳汁、利血脉的功效。

急性乳腺炎

⊙豆豉15克，葱白1根，薄荷6克，生姜片6克，大米100克，盐少许。先煎葱、姜和豆豉，后下薄荷，稍煎后去渣取汁，与淘洗干净的大米一同煮粥，待粥将熟时加入盐略煮，搅匀即成。日服2次，空腹食用。本方具有祛风、清热、解毒的功效。

男性性欲减退

⊙蛤蚧1对，大葱子、韭菜子各6克。将以上3味药用小火焙脆后研末，分成10～12包，性生活前2小时服1包，用黄酒送服。本方具有补肺、益肾、壮阳的功效。

早泄

⊙山药50克，肉苁蓉20克，菟丝子10克，葱白3根，核桃2个，大米100克，羊肉500克，羊脊骨200克，黄酒、葱、生姜、花椒、胡椒粉、大茴香、精盐各适量。将羊脊骨剁成数节，用清水洗净，羊肉洗净后放入沸水锅内汆透，捞出洗净血沫，切成指条块；葱、姜洗净拍破；菟丝子、肉苁蓉、山药装入布袋内。羊肉、羊脊骨放入砂锅内，加足量水用大火煮沸后撇去浮沫，再放入花椒、大茴香、黄酒、葱、姜，再转小火煨至肉烂，最后加入胡椒粉、盐，搅匀即成。这是一道保健菜，具有温肾壮阳的功效。

慢性前列腺炎

⊙葵菜 200 克，葱白 4 根，大米 100 克。将葵菜洗净，加水煮取药汁，去渣后与淘洗干净的大米、葱白一同入锅，用大火烧开后转小火熬煮成稀粥。日服 1 剂，空腹食用。本方具有清热解毒的食疗功效。

荨麻疹

⊙羌活 10 克，防风 6 克，炒苍术 6 克，北细辛 1.5 克，川芎 6 克，白芷 6 克，生地黄 10 克，炒黄芩 6 克，甘草 6 克，生姜 2 片，葱白 3 茎。水煎服，每日 1 剂，儿童用量酌减。本方具有祛风止痒的功效，适用于急性荨麻疹。

葱的外用偏方

感冒

⊙葱白15克，用沸水冲泡或加清水用大火煮10分钟。感冒患者可先熏口鼻，后饮服，每日4～5次，以微出汗、呼吸通畅为度。

⊙葱白30克，生姜30克，盐6克，白酒适量。葱白、生姜加盐共捣成糊状，再加入白酒调匀，然后用消毒纱布包好。涂擦前胸、后背、手心、脚心、腋窝及肘窝等处，涂擦一遍后，让患者平卧，不要盖太厚的被子。适用于风寒型感冒初期。

⊙连翘15克，葱白30克。共捣成膏状，用消毒纱布包好，敷于脐部，待将要出汗时喝一杯开水，以助汗出。适用于风热感冒，症见发热无汗、头痛咽痛等。

支气管炎

⊙石菖蒲、艾叶、麻黄、葱白、生姜各适量，共研粗末，下锅炒热后用消毒纱布包好，趁热在胸背部反复热熨，凉后炒热再用，每次热熨10～15分钟，每日用药1次。本方适用于风寒型支气管炎，症见咳嗽、畏寒者。

⊙鱼腥草15克，青黛10克，葱白15克，冰片0.3克。鱼腥草、青黛共研为细末，再加入葱白、冰片，捣成糊状即可。先用酒精棉球消毒脐部，再用药糊敷脐，用消毒纱布盖好，再用胶布固定，每日换药1次，10天为1个疗程。本方具有清热解毒、化痰定喘的功效，适用于慢性支气管炎。

哮喘

⊙麻黄、杏仁各3克，甘草1克，葱白3根。将前3味研为细末，再加入葱白一起捣为糊状，敷于脐部，用消毒纱布覆盖好，再用医用胶布固定，每日换药2次。本方适用于外感风寒所致哮喘，症见头痛身痛、咳嗽痰白、气喘胸闷者。

胃炎

⊙葱白20克，生姜30克，艾叶10克，一起捣成泥，做成圆饼状，敷于脐部，并用热水袋热熨，每次熨1小时。适用于急性胃炎，症见胃脘发凉、胀满疼痛、恶心呕吐等。

腹痛

⊙苦楝根皮10克，胡椒6克，葱白30克。将三者混和，一同捣烂，与适量鸡蛋清调匀，敷于肚脐。本方能温中、散寒、止痛，适用于腹痛。

⊙附子15克，麻黄10克，葱白30克。将三者混和捣碎，用酒炒成饼，热敷于脐部，安睡数小时。本方能温中散寒，适用于寒凝腹痛，症见腹痛得热则减、遇寒更甚。

呕吐

⊙炒吴茱萸30克，香葱、生姜各10克，共捣成糊状，敷于脐部。本方适用于胃寒呕吐。

⊙大葱、胡椒各适量，共捣为糊状，炒热敷于脐腹部，外用消毒纱布覆盖，再用医用胶布固定，每日换药1次。本方适用于胃寒呕吐。

泄泻

⊙生姜、葱白各30克。将生姜捣烂，葱白切段，加水3000毫升，煮沸15～20分钟，去渣，趁热用食指蘸药液在患者的拇指及小指根部的掌面由内向外擦洗12次，再向内关（腕横纹上2寸，拇指指间关节横纹长度乃1寸）、手臂方向擦洗12次，每日1～2次，连用3日为一个疗程。本方适用于寒性泄泻。

便秘

⊙木香6克，槟榔9克，葱白15克。将木香、槟榔共研细末，加入葱白捣烂，炒热，趁温熨于脐部，并用热水袋热熨，敷药3小时后揭去。本方适用于食积便秘、腹满胀痛等。

⊙老姜60克，豆豉15克，带须葱白3根，共杵为药饼，微火烧热，敷于脐部，用消毒纱布覆盖，敷12小时，如便通则痛减。本方适用于寒性便秘腹痛。

⊙带须葱白50克，胡椒50粒。以上2味共捣烂，制成饼状，放入锅内焙热，敷于脐部。具有温中通阳的功效，适用于阳虚便秘。

泌尿系统感染

⊙鲜车前草90克，带须葱白60克，盐15克。将以上3味共捣成糊状，炒热，趁热敷于脐部，冷后炒热再敷，至小便通利为度。本方适用于急性泌尿系统感染。

小便不利

⊙瓜蒌30克，葱白30克，冰片1.5克，加水2000毫升煎至1500毫升，倒入盆内，加入冰片。趁热先熏阴部，待水温后再坐浴10～20分钟，一般用药后1～2小时小便即通。适用于膀胱气化不利之小便不通。

⊙葱白300克，人工麝香少许。将葱白捣烂，加入人工麝香拌匀，分为2份，蒸热。用纱布包好敷于脐上，热熨10分钟，两个药包交替使用，直至小便排出为度。适用于寒凝气滞之小便不通。

遗精

⊙大葱子10克、韭菜子10克，附子10克，丝瓜子10克，肉桂10克，龙骨20克。以上材料共研细末，每次取适量药末用温开水调成糊状，敷于脐部，外用消毒纱布覆盖，再用胶布固定，每日换药1次，连用5～10天为一疗程。本方具有补肾固精止遗的功效。适用于肾气不固之遗精。

前列腺增生

⊙大葱白5根，明矾9克。将明矾研为细末，加入葱白捣烂成都泥状，敷于脐部，用纱布覆盖，再用胶布固定，1小时后小便即通利，去膏药。本方适用于前列腺增生伴小便淋漓。

头痛

⊙川芎3克，白芷3克，大葱15克。将川芎、白芷混匀，研成细末，再与大葱共捣成泥状，敷贴于太阳穴。本方适用于风寒头痛。

眩晕

⊙吴茱萸30克，半夏15克，熟大黄10克，生姜30克，带根须葱白7根。先将前3味研为粗末，再放入生姜、葱研成泥状，放在铁锅内，加醋适量，炒热，分成2份，用纱布包好，热熨脐部，冷则换药包，每次30～60分钟，每日2～3次，连用3～7天为1个疗程，每剂药可用3天。本方适用于肝火上炎型眩晕。

腰腿疼痛

⊙姜黄3克，大黄8克，山栀子12克，冰片3克，葱白60克，白酒适量。以上前4味共研细末，加入葱白捣烂，调入白酒适量。贴敷于患处。本方适用于急性腰扭伤引起的腰痛。

⊙当归、地龙、木鳖子、椒目、大葱、荆芥各30克，加水煎煮，去渣，熏洗患处，每日1～2次。本方适用于下肢软弱无力、行走困难，或因受风寒引起的腰腿疼痛、麻木者。

⊙大黄6克，葱白30克，一同捣烂，炒热，热敷患处。本方适用于腰肌劳损腰腿痛者。

关节疼痛

⊙带根须葱白、生姜各500克。材料洗净捣烂取汁。将适量醋倒入锅中煮沸，倒入葱、姜汁，煮至液体变稠，摊于厚布上，贴于患处，以有热感为宜。本方适用于寒性关节疼痛。

肩周炎

⊙桂枝、防风、麻黄、赤芍、艾叶、五加皮、威灵仙、木通各15克，葱、姜各适量，加水2000毫升，煮沸15分钟，离火，不必过滤。趁热熏患部，待温度降至40℃时用毛巾蘸药液擦洗患处。每次熏洗15～20分钟，每日1～2次，每剂药可洗4～5次。本方适用于肩周炎，症见局部酸胀疼痛、功能障碍等。

⊙葱白30克，食醋少许。将葱白捣烂成泥状，再加入醋调成糊状，敷于患处。本方适用于各类型肩周炎。

寄生虫病

⊙鲜苦楝根皮30克，山胡椒3克，葱白少许，鸡蛋2个。以上前3味共捣烂，打入鸡蛋搅匀，油煎成饼，贴于脐部。本方适用于胆道蛔虫、蛔虫肠梗阻。

小儿感冒

⊙桑叶、菊花、杏仁各6克，连翘9克，薄荷、桔梗各3克，甘草2克，共研细末；再加芦根15克煎汁，加入蜂蜜7.5克，葱白3根，与药末共捣成饼，敷于脐部。本方适用于小儿风热感冒。

⊙葱白适量，捣烂，加沸水冲泡。趁药液热时用其蒸汽熏口鼻部。本方适用于小儿感冒鼻塞严重，甚至不能吸乳者。

小儿发热

⊙葱白 30 克，白酒 250 毫升。将葱白放在碗中捣烂，再将白酒倒入碗中，点火将酒点燃，待火苗烧到碗边时吹灭，趁温取葱液涂擦患儿额头、胸背、四肢和全身皮肤，以擦至皮肤微红为度。本方适用于小儿风寒发热。

小儿咳嗽

⊙葱白 1 根，豆豉 10 克，共捣成泥状，敷于患儿足心涌泉穴。本方适用于小儿急性支气管炎，症见咳嗽频作、喉痒声重、痰白稀薄、鼻塞流涕、恶寒无汗、发热头痛或全身酸痛。

小儿哮喘

⊙麻黄、杏仁、甘草各等份，葱白 3 根。以上前 3 味共研细末，再与葱白共捣成泥状，贴敷脐部，外用消毒纱布覆盖，胶布固定 2~3 小时，之后洗去，每日换药 2 次。适用于小儿寒喘缓解期或用于冬病夏治。如有过敏反应及时停用。

小儿麻疹

⊙鲜香菜、鲜紫苏、鲜葱白各等量，共捣成糊状，加入面粉少许，继续捣至膏状，敷于脐部和双足底涌泉穴，然后用消毒纱布覆盖，再用胶布固定，每日换药 1 次，一般用药 2 ~ 3 可次见效。本方适用于麻疹初起，症见恶寒发热、咳嗽、喷嚏、流涕泪下、麻疹透发不畅、烦躁不安。如有过敏反应及时停用。

小儿呕吐

⊙茴香粉 15 克，大葱 1 根，生姜 15 克。将大葱、生姜一同捣烂，再加入茴香粉混匀，炒热，用消毒纱布包好，敷于脐部。每日 1 ~ 2 次，以呕吐止住为度。本方适用于小儿呕吐的辅助治疗。如有过敏反应及时停用。

小儿疳积

⊙山楂 7 个，栀子 7 粒，红枣 (去核)7 枚，芒硝 15 克，葱白 9 根，面粉 30 克，白酒适量。以上前 5 味共研细末，加入面粉和白酒适量，调和制成 2 个药饼，冷敷于脐部神阙穴和背部相对应的命门穴。每隔 2 ~ 3 小时取下药饼，加白酒适量调匀再敷，每日 2~3 次，可使用 3 天。本方适用于食积型小儿疳积。

⊙生鸡蛋去壳 1 个，葱白 50 克，用布包好。右手握住布包，在胃部轻轻地旋转按摩，渐渐地下移到腹部，至皮肤潮红为止。

小儿腹胀

⊙葱白 5 克，豆豉 5 克，车前子 10 克，砂仁 1.5 克，冰片 0.2 克。共捣烂成泥状，再制成饼状，敷于脐部，然后用消毒纱布覆盖，再用胶布固定，每次敷贴 30 ~ 60 分钟即可。本方适用于食积气滞型小儿腹胀。

小儿便秘

⊙葱白 2 根，酒糟 10 克，共捣烂炒热。趁温热敷于脐部，外用消毒纱布固定。适用于阳虚型小儿便秘。

⊙大葱 10 克，生姜 6 克，豆豉 9 克，盐 9 克，共捣烂，做成药饼。将药饼烤热敷于脐部，然后用消毒纱布扎紧，约 1 ~ 2 小时可见效。适用于阳虚型小儿便秘。

小儿腹痛

⊙莱菔子（打碎）120 克，生姜（切碎）60 克，大葱带根须（切碎）500 克，白酒 30 毫升。以上 4 味共炒热，分成 2 份，用布包好，由上至下、从左到右趁热熨腹部，凉成更换药包。本方具有理气止痛的功效，适用于气滞腹胀型小儿腹痛。

产后缺乳

⊙猪蹄 2 只，通草 6 克，葱白 6 克。将猪蹄洗净煎汤煮沸后，再下通草、葱白，煎汤去渣，温洗双侧乳房，每日 2 次，每剂可连用 2 ~ 3 天。

乳腺炎

⊙葱白 90 ~ 150 克，切细后加入适量的热水，先熏后洗患侧乳房，每日 3 ~ 5 次，2 天为 1 个疗程。本方适用于乳腺炎早期。

阴道干涩

⊙地肤子 30 克，蛇床子 15 克，蒲公英 15 克，紫草 15 克，葱白 15 克，仙灵脾 15 克，地骨皮 15 克。加水煎煮，去渣，趁热先熏阴部，待药液温度不烫皮肤时坐洗阴部，每日早晚各 1 次，10 天为一个疗程。本方适用于肝郁血热引起的阴道干涩。

疖肿

⊙葱白 30 克，米粉 120 克，醋少许。将葱白细切，与米粉一同炒成黑色，研为细末，用时取药粉与醋少许，调匀成糊状，摊于纸上，贴于患处。适用于疖肿早期。

痈肿

⊙独活、白芷、甘草各 9 克，当归 10 克，大葱头 7 个。加水 2000 毫升，煎至 1500 毫升，去渣，用消毒纱布蘸药汁趁热洗患部。适用于痈肿早期。

骨质增生

⊙葱6克，姜汁12克，石菖蒲、艾叶、透骨草各60克，白酒、鸡蛋清各适量。以上前5味捣汁，用鸡蛋清、白酒调匀，敷于患处，然后温灸。适用于骨质增生引起的疼痛、活动障碍。

蛇虫咬伤

⊙大葱2根，蜂蜜30克。将大葱洗净，捣烂成泥，调入蜂蜜，搅拌均匀，敷于患处，每日换药1次，连用3日。适用于毒蛇、毒虫咬伤。

冻疮

⊙茄子根100克，大葱50克。加水2000毫升，煮沸，先熏后洗，每日2次，每次30分钟。适用于冻疮早期。

下肢溃疡

⊙蒲公英、野菊花、鱼腥草各30克，艾叶、葱白各10克。一同捣烂，敷于患处，每日换药1次。适用于下肢溃疡的辅助治疗。

血栓性静脉炎

⊙苏木、银花、蒲公英、当归、葱须、桑枝各30克，红花、明乳香、明没药各15克。共研碎，加水2500～3000毫升，煎汤去渣，趁热熏洗患部，每日1～2次，每次30分钟。适用于各型血栓性静脉炎。

毛囊炎

⊙葱白少许，麻油适量。将麻油烧热，用葱白蘸麻油涂擦患处，每次20分钟，连用3天可显效。本方适用于热毒型毛囊炎。如有过敏症状应立即停用。

手足癣

⊙鱼腥草、白凤仙花叶各60克，葱白30克，醋20毫升。一同加水煎汤，去渣取汁，熏洗患处，每日1～2次。本方适用于各型手足癣。

甲癣

⊙地肤子、蛇床子、藿香、白藓皮、苦参、葱白各30克，盐20克，明矾15克。放在水中浸泡2天，水量以没过药汁为宜，去渣取汁。每日将患部浸泡在药汁中30分钟，连用10天为1个疗程。一般1～2个疗程可见效。本方适用于各种甲癣。

耳疖、耳疮

⊙黄连 3 克，葱白 10 克，鸡蛋黄 3 个。将黄连研为细末，加入鸡蛋黄调成软膏状；葱白加水煎汤。用葱白汤洗净患处，再涂敷药膏，每日早晚各 1 次。本方适用于各种耳疖、耳疮。

鼻炎

⊙葱白适量。晚上先用盐水清洗鼻腔，用葱白捣烂绞出的汁滴鼻或用棉球蘸汁塞鼻。

鼻出血

⊙葱适量。榨汁，加酒少许调匀，滴于鼻中。本方可缓解鼻出血。

哪些人不宜吃葱

⊙《千金·食治》中记载：食生葱即啖蜜，变作下利。

⊙《食疗本草》中记载：上冲人，五脏闭绝。虚人患气者，多食发气。

⊙《履巉岩本草》中记载：久食令人多忘，尤发痼疾。狐臭人不可食。

⊙《本草纲目》中记载：服地黄、常山人，忌食葱。

⊙《本草经疏》中记载：病人表虚易汗者勿食，病已得汗勿再进。

⊙葱与蜂蜜不宜同食。

⊙表虚多汗、自汗者忌服。

美食不离葱

葱是一味很好的调味料，也可以作为烹饪的主料。做法很多，风味各异。下面就为您介绍一些常见的、能用到葱的菜肴，希望能丰富您的餐桌。

葱白黑鱼

【原料】 黑鱼 1 条，冬瓜 100 克，葱白 50 克，调料适量。

【做法】 黑鱼去鳞、鳃、内脏，切段洗净；冬瓜洗净，切块；葱白洗净，切段。将材料置于锅中，加水适量，煮至鱼肉熟时，加入调料即成。

【食疗功效】

适用于腹水患者。

补虚利水。

葱白鸡肉粥

【原料】 鸡肉 500 克，葱白 50 克，香菜 15 克，大枣 10 枚，生姜 25 克，大米 150 克。

【做法】 葱白、香菜洗净，切碎；大枣去核；大米洗净；生姜去皮，拍扁，切碎；鸡肉洗净切块。将鸡肉块、大米、生姜、大枣一同放入水锅内，大火煮沸后，改小火煮 1 小时，粥成时放入葱白、香菜调味即可。

【食疗功效】

鸡肉熟烂，粥甜辛香，滋阴养心，健脑益智。

葱爆羊肉丁

【原料】 羊肉 250 克，鸡蛋 1 个（取蛋清），植物油 250 毫升（实耗约 30 毫升），大葱 25 克，水淀粉、盐、葱段、酱油、黄酒、味精、麻油各适量。

【做法】 将羊肉洗净，切成 1 厘米见方的丁，放入碗中，加入鸡蛋清、水淀粉、盐，拌匀；大葱洗净劈为两半，切成 1 厘米长的段。炒锅上火，放入植物油烧至六成热，将羊肉丁放入，滑散，再放入葱段搅散，迅速倒入漏勺。锅内留余油适量，将羊肉丁、大葱、盐、酱油、黄酒、味精入锅，在旺火上翻炒，用湿水淀粉勾芡，淋入麻油，装盘出锅即成。

【食疗功效】

适用于肾虚阳痿、产后贫血、产后缺乳、腹痛、寒疝等。

益气补虚，温中暖下，补肾壮阳。

葱辣鸭心

【原料】 大葱 100 克，干辣椒 3 克，鸭心 500 克，植物油 500 毫升 (实耗约 50 毫升)，酱油、醋、白糖、盐、味精、黄酒、麻油各适量。

【做法】 将鸭心去掉心头，切开，洗去鸭心里的血，在外面剞十字刀，加黄酒、盐拌匀；大葱切成段。炒锅放植物油，烧至七成热，将鸭心炸去水分，捞出控油；另起锅放底油烧至七成热，把葱段、干辣椒煸出香味，用黄酒增香，加入醋、酱油、盐、白糖和适量的水炒匀，把炸好的鸭心放入汤中用小火焖 5 分钟，旺火收汁，淋入麻油即成。

【食疗功效】

滋阴宁心。

葱烧海参

【原料】 水发海参 1000 克，葱段 100 克，黄酒 30 毫升，生姜片 10 克，盐 4 克，白糖 15 克，味精 3 克，猪油 75 克，水淀粉 10 克，鲜汤 500 毫升，酱油 15 毫升。

【做法】 将海参用沸水洗净，置大碗内，加入鲜汤、葱段、生姜片，上笼蒸约 20 分钟取出。炒锅上火，放油烧热，下入葱段，炸至金黄色，加入鲜汤、精盐、黄酒、白糖、酱油、味精，再推入海参。汤沸后，转小火烧约 5 分钟，

【食疗功效】

本菜口味咸鲜，葱香浓郁。有补肾、止血、润燥的食疗功效。

至海参入味转用旺火，用水淀粉勾芡，加入猪油烧化，装盘即成。

葱酥鱼

【原料】 小鲫鱼 500 克，泡红辣椒 8 个，麻油 25 克，葱 400 克，醪糟汁、黄酒、酱油各 50 毫升，冰糖 25 克，味精 1 克，生姜 10 克，植物油 500 毫升（实耗约 50 毫升），鲜汤适量。

【做法】 将鲫鱼去鳞、鳃、内脏，洗干净，沥干水分，在鱼身上撒少量黄酒、精盐；葱选用葱白部分，洗净；泡红辣椒去蒂、籽。炒锅上大火，放植物油烧至八成热，下鱼炸至浅黄色捞起备用。炒锅上火，放油烧至五成热，下葱、生姜炒香，再加入酱油、黄酒、醪糟汁、冰糖、鲜汤，炒成料汁。将料汁舀起一半，再将炸好的鱼整齐地摆入锅中，将舀出的一半料汁淋于鱼上面，在大火烧至汤干、鱼酥软、汁浓稠，再淋麻油起锅即成。

【食疗功效】

健脾利湿，温中开胃。适用于脾胃虚弱、食少、乏力、困倦、产后缺乳等。

葱油白萝卜丝

【原料】 白萝卜 500 克，青葱 10 根，香菇 30 克，海米 15 克，精盐、味精、白糖、植物油、麻油各适量。

【做法】 将白萝卜洗净去皮，切成细丝，再放入大盘中，加精盐少许，拌匀腌渍片刻；将香菇洗净，放入清水中浸泡30分钟，挤去水分，放入蒸碗，上笼蒸熟，切成细丝；。将青葱洗净，切成葱花；海米用沸水冲洗后，剁碎，待用。取一椭圆形盘，将腌渍(挤去渍水)好的白萝卜丝均匀码在盘内，撒上海米碎，铺上香菇丝，并在香菇丝上均匀地撒上葱花，加味精、白糖各适量。将锅置火上，加植物油用大火烧热，浇在码好的菜上，会发出油炸香葱声，淋入麻油，拌匀即成。

【食疗功效】

清火顺气，疏肝解郁，提高性欲。适用于慢性胃炎、慢性气管炎等。

葱油海米黄瓜卷

【原料】 黄瓜300克，海米20克，水发黑木耳30克，鲜汤、麻油、精盐、味精、葱花、生姜末、大葱切段、面粉、水淀粉各适量。

【做法】 将黄瓜洗净后切成薄片，入沸水中略烫，捞出过凉后控净水。海米、黑木耳剁成末，放入碗中，加入精盐、味精、鲜汤、葱花、生姜末、面粉搅拌均匀，使之成为较稠的馅。黄瓜片用干净纱布吸干水，在一面蘸上干面粉，并抹上馅，再卷成黄瓜卷。将黄瓜卷上笼蒸熟，取出凉透后切成2厘米长的段。炒锅上中火，加入麻油，放入葱段，炸出香味后加入鲜汤、精盐、黄瓜卷，烧至入味后加入味精，

【食疗功效】

益气补血，养胃润肠。适用于贫血、疲劳综合征，慢性胃炎、单纯性消瘦、腰腿痛、性功能减弱等。

用水淀粉勾芡，再用筷子夹出黄瓜卷，整齐地摆入盘中，将锅内剩余芡汁浇淋在黄瓜上即成。

大葱拌干丝

【原料】大葱白 100 克，香干 100 克，麻油 10 克，盐 2 克，白糖 3 克，味精 1 克。

【做法】将葱白洗净，切成 3 厘米长的段，再切成细丝。将香干放在开水锅内烫一下，捞出沥干水分，切成细丝，放在盘内，撒上葱花，再加入白糖、味精、盐和麻油，拌匀即成。

【食疗功效】

清热解毒，凉血止血。适用于高脂血症、糖尿病、急性支气管炎、产后缺乳等。

猪蹄葱白豆腐汤

【原料】猪蹄 1 只，葱白 15 克，豆腐 90 克，黄酒 50 毫升，酱油适量。

【做法】将猪蹄洗净后剁成 8 块，与葱白、豆腐一同放入锅中，加水 750 毫升，烧开后用小火煮 1~2 小时，再加入黄酒和酱油调味即成。

【食疗功效】

补气通阳。

适用于产后体质虚弱，气血虚型缺乳。

葱香土豆

【原料】葱 1 根，土豆 1 个，盐、胡椒粉、植物油、葱花各适量。

【做法】 土豆去皮，洗净后切丝。锅中放少许植物油，将土豆丝均匀地铺成圆饼状，用中小火慢慢煎，均匀地撒入胡椒粉、盐、葱花。煎到两面金黄，成一片时出锅，分块食用。

【食疗功效】

和胃、解毒、消肿。适合脾胃功能不佳的人食用。

葱油饼

【原料】 面粉 200 克，葱 1 根（切葱花），盐、植物油、胡椒粉各适量。

【做法】 面粉加水和成面团，饧发 30 分钟。锅中放入适量植物油，把植物油加热到冒油烟，倒入面粉 60 克、葱花、五香粉、盐搅拌，炒成油酥备用。将面团分成 8 份，擀成面皮，包入油酥，压成饼，用饼铛烙熟即成。

【食疗功效】

味道香酥、营养丰富，能养护脾胃。适合一般人群食用。

葱香蛋炒饭

【原料】 熟米饭 250 克，鸡蛋 2 个，葱 1 根，植物油、盐各适量。

【做法】 米饭用勺子捻散，鸡蛋打散，葱切葱花。锅中加入适量植物油，烧热后倒入鸡蛋，煎熟，滑散，下入米饭、葱花、盐，翻炒均匀即成。

【食疗功效】

这是一道家常炒饭，可以多加些葱，更加美味。这道饭能调理脾胃。非常健康。

葱油面

【原料】 面条 150 克，葱 1 根，植物油、盐、生抽各适量。

【做法】 面条煮熟，加清水过凉，放入碗中；将葱切成葱花。倒入适量生抽，放上葱花。锅中倒入植物油，烧热后立刻倒在葱上面，拌匀即成。

【食疗功效】

面条能养脾胃，很多人都爱吃。这道葱油拌面的关键在将热油倒到葱花上，发出滋滋声，香味也随之飘出，非常美味。

葱烧木耳

【原料】 木耳 30 克，大葱 50 克，盐、植物油、酱油、水淀粉各适量。

【做法】 先将干木耳洗净，泡发，放入开水中烫熟。另起锅，锅中倒入少许植物油，放入葱丝炒出香味，加入烫好的木耳翻炒几下，加酱油和少许盐，出锅前淋入水淀粉勾芡即可。

【食疗功效】

木耳营养丰富，被称为血管清道夫，搭配大葱，营养更丰富。

大葱烧豆腐

【原料】 豆腐 1 块（约 200 克），大葱 1 根，植物油、盐、酱油、醋、味精、姜末、蒜末各适量。

【做法】 将豆腐洗净，切块；大葱洗净，切斜段。锅中放植物油烧至六七成热，先投入豆腐块，再投入葱段，炸至豆腐呈金黄色，葱段变软，一起倒入漏勺，控净油。锅留少许底油放回火上，将油烧至七八成热，放姜末和蒜末，炒出香味，投入豆腐块、葱段，加入适量鲜汤、酱油、盐，烧开后用小火烧10分钟左右，待豆腐入味，汤汁浓稠时，放入醋和味精搅匀，淋入明油即成。

【食疗功效】

豆腐营养丰富，能改善食欲、调理脾胃，是传统美食，搭配大葱，口味更丰富。

美好生活巧用葱

葱的选购

选购葱时应注意质量的好坏。质量好的鲜葱新鲜青绿，无枯、焦、烂叶；葱株粗壮匀称、硬实，无折断；扎成捆，葱白长，管状叶短；干净，无泥无水，根部无腐烂。质量较差的鲜葱粗细高矮不均匀，葱白较短；假茎上端松软，葱心空而不充实。劣质鲜葱多细小，有枯、焦、烂叶；根茎或假茎有腐烂现象，有折断或损伤。

葱的贮存

葱要干藏。一般市场上出售的葱，在收获后已经进行过晾晒。买回家后，先剔除老叶、病叶及病株，根据干湿程度决定是否还需要继续晾晒。晾晒至七成干时，单层排好，放在干燥通风处。储存期间要注意防热、防潮。

厨房巧用葱

⊙葱在菜肴中应用较广，既可作辅料又可当作调味品。把它加工成丝、末，可做凉菜的调料，增鲜之余，还可起到杀菌、消毒的作用；加工成段或其他形状，经油炸后与主料同烹，葱香味与主料鲜味融为一体，十分馋人，如“大葱扒鸡”“葱扒海参”都是典型的菜肴。

⊙葱等辛辣调味品内含挥发性强的香精油，具有杀菌和调味的双重功效。为使其充分发挥作用，炖煮或煲汤时，要利用较长时间的水解反应，才能使呈结合状态的香精油成分散发出香气；炝锅炒菜时，要利用高温使香精油溶于油中，令菜肴香味扑鼻。

⊙青葱经油煸炒之后，能够更加突出葱的香味，是烹制水产品、动物内脏不可缺少的调味品。可把它加工成末、段、片、丝，与主料一起烹制，或拧成结与主料同炖，出锅时，弃葱取其葱香味。

⊙较嫩的青葱又称香葱，经沸油氽炸，香味扑鼻，色泽青翠，多用于凉拌菜或切碎撒在成品菜上，如“葱拌豆腐”“葱油仔鸡”等。

⊙经油炸过的葱，香味甚浓，可去除鱼腥味。

⊙汤烧好后捞出葱段，其汤清亮不浑浊。

⊙水产、家禽、家畜的内脏和蛋类原料腥、膻，异味较浓，烹制时葱是不可少的调料。

⊙以葱调味能去除豆类制品和根茎类原料的豆腥味、土气味。

⊙单一绿色蔬菜本身含有自然芳香味，不需再加葱调味。

⊙煮饺子时，在锅里放 1 根洗净的大葱，煮出的饺子味道鲜美，且不会成坨。

⊙在洗净的鱼上放几根洗净的葱段，可预防苍蝇叮爬。

⊙葱可去除炸过鱼的油中的腥味。把炸过鱼的油烧热，放入一些葱、姜、花椒稍炸，再淋入一些调匀的稠淀粉浆（水淀粉受热爆裂沉入油内，可以把油中的腥味吸掉），随后撇去油上浮着的淀粉泡，油中的腥味即可除去。

⊙酱油经煮沸、冷却后，装入盛器内，再放入几段葱白、几片蒜，可防止酱油发霉。

⊙饭如果烧煳了，先把锅从火上端下，放在一个较潮湿的地方，剥1根约6厘米长的大葱插入饭里，盖严锅盖，过一会儿，饭中的煳味就消失了。

⊙圆白菜有一股异味，烹调时可加入适量的葱，再用甜面酱代替酱油，这样圆白菜的异味便可消除了。

居家巧用葱

⊙贴标签。在金属物品上贴标签时，可挤些葱汁，在金属物表面擦一擦，再把标签湿润，就容易贴牢了。

⊙防飞虫扑灯。夏天夜间如有小飞虫扑灯，可以在灯旁挂一束大葱，飞虫便不再扑灯了。

⊙消除头屑。葱白捣成泥，用纱布包好，轻轻拍打头皮，直到汁水均匀敷在头皮和头发上。数小时后洗去，即可将头屑轻易地洗净。

中篇 好生活不离姜

姜是一种重要的调味品，可将自身的辛辣和芳香味渗入菜肴中，使之鲜美可口、味道清香。中医认为，生姜有发汗解表、温中散寒、和胃止呕的作用。生姜能够解鱼蟹毒，吃蟹时蘸生姜汁，不光是为了调味，也有防中毒的作用。

姜的故事多

历史悠久的姜文化

姜溯源

生姜，指姜属植物的块根茎，初生嫩者其尖微紫，名紫姜、子姜；宿根谓之母姜；新鲜者称生姜；干燥者为干姜；经过加工炮制者为黑姜（炮姜）。姜的原产地为中国和印度，现今在印度、中国、西非及加勒比海地区都有生产，来自中国的生姜主产于四川、湖北、广东等地。

姜自古以来就与人们的日常生活结下了不解之缘，长沙马王堆一号汉墓出土的文物中发现有生姜作为随葬物即是明证。最早关于姜的文字记载见于《礼记》，文中有“楂梨姜桂”字句，距今约有2000多年。孔子甚至主张“每食不撤姜”，把姜列为食谱中不可缺少的食物之一。《吕氏春秋》中载有：“和之美者，蜀郡扬扑之姜。”《史记》更认为：“千畦姜韭，其人与于户侯等。”王安石《字说》中记载：“姜能疆御百邪，故谓之姜”。可见姜在我国古代已具有很高的地位。

姜作为药用有数千年历史。在《神农本草经》之前，医学家对生姜、干姜混淆不清，混称为干姜。汉代张仲景的《伤寒杂病论》记载，生姜是治疗阳虚证的真武汤中的一味药材，另外还有“当归生姜羊肉汤”方。唐朝的中医学家将生姜列为“中品药”。李时珍曾经这样赞颂生姜的作用。“姜辛而不荤，去邪辟恶，生啖熟食，醋、酱、料、盐，蜜煎调和，无不宜之。可蔬可和，可果可药，其利博矣。凡早行山，宜含一块，不犯雾露清湿之气及山岚不正之气”，并列举生姜能治几十种疾病。有史籍记载，明朝万历年间明军为镇压都掌蛮而购买“生姜十万斤”作防暑药用；郑和下西洋时亦曾携同生姜等药材。

我国古代有许多有名的方剂中都有生姜的配伍。文学名著《红楼梦》中也有“持螯更喜桂阴凉，泼醋擂姜兴欲狂”“酒未涤醒还用菊，性防积冷定须姜”等生动描述。《红楼梦》第五十二回中还记述：“天未大明，麝月、晴雯叫醒宝玉，梳洗毕，喝了两口建莲红枣汤、噙了一块法制紫姜，便去贾母处请安道别。”这说明清时期人们即有含生姜清口、驱寒、健胃、提神的习惯。

姜的栽培历史

生姜为姜科姜属多年生宿根植物，在我国多作为一年生作物栽培。我国生姜的栽培历史非常悠久。周代已开始对姜进行人工栽培，春秋时期已明确吃姜对人有好处。西汉时期，生姜已成为重要的经济作物，但以南方地区栽培较多，明代后期，开始向北方地区扩大栽培。清代，北方地区普遍种姜。目前，我国除东北、西北部分寒冷地区外，各地均有种植，南方以广东、浙江栽培较为普遍，北方则以山东省为主要产区。

生姜喜温热气候，适宜在坡地栽培，潮湿、寒冷及日光照射过于强烈的地区不利于生姜的生长。土壤以砂壤及重壤为宜，土壤须深厚、疏松、肥沃及排水良好。生姜以根茎栽培、穴栽及条栽均可。

一般生姜从催芽播种到收获需 200 天以上，比一般蔬菜生长期要长。生姜的生长过程有明显的阶段性，可分为发芽期、幼苗期、旺盛生长期和根茎休眠期四个阶段。

姜的品种

根据生姜的植株形态和生长习性可分为疏苗肉姜和密苗片姜两种类型：疏苗肉姜植株高大，茎秆粗壮，分枝稀少，叶色深绿，根茎节少而较稀，茎块肥大，多呈单层排列，代表品种如广东疏轮大肉姜；密苗片姜植株长势中等，分枝多，叶色绿，根茎节多而密，姜球数多但较小，多呈双层或多层排列，代表品种如广东密轮肉姜。

生姜的地方品种颇多，一般多以地名或姜块的颜色及姜芽的颜色命名，如红爪姜、安徽铜陵白姜、莱芜片姜、来凤姜等。

此外，安徽的临泉姜、湖北的枣阳姜、广西的玉林圆肉姜、湖南的黄心姜和茶陵姜、陕西的汉中党姜、辽宁的丹东白姜、大连海姜等也是著名的姜品种，都具有生长势强、产量高、品质佳等特点，也是我国生姜的优良品种。

生姜得名的传说

古时，人们吃兽肉、野果度日，因生病而死亡的人很多。当时人们不知医药，一旦生病，只得听天由命。炎帝看到人们因疾病受苦，心里十分着急。

一天，炎帝从山上回来，累得满头大汗，腰酸腿痛。在门口迎接他的，是自己喂养的那条通身透明的琉璃狮子狗。炎帝突然想起：这条狗成天摇头摆尾，翻山越岭，可从来不生病，难道是吃了特殊的食物吗？是不是它吃了山野里的草木根、茎、叶呢？

为了探明其中的奥秘，他带着琉璃狮子狗跋山涉水，仔细观察狗吃了各种食物后的反应。有一天，炎帝带着狗从茶陵铁甲山来到水河边的白鹿原，一边欣赏大自然的风光，一边尝药认草。忽然，一阵大雨把他浑身打得透湿，他感到头晕目眩，胸闷欲吐，站立不稳。这时，那只琉璃狮子狗正在一旁啃着一块植物，炎帝顺手也捡了一块，洗净后，坐在地上慢慢地嚼着，只觉得满口辛辣，别有味道。不一会，心胸舒畅了，精神恢复了。于是，炎帝便以自己的姓氏“姜”给这种植物取名为“生姜”。

观驾山下美颜方

唐太宗李世民东征期间，大将薛理带领大军追击敌人到了辽东，休整时唐太宗李世民乘船来劳军，薛理站在庄河西面的高山上迎驾（后称此山为观驾山）。李世民一行从今日的大郑乡唐府屯登陆时，在薛理率领的军民迎驾队伍中，李世民发现了一对鹤发童颜的老夫妻，便走近问：“老人家，今年高寿？”

老人家答道：“不大，今年九十九岁。”

旁边另一位老叟随嘴嘟囔道：“八年前问你多大，一直说九十九，怎么今天在皇上面前还说谎。”

皇上听后乐道：“如此说来，老寿星百岁有余了呀！”

皇帝注意到老人身边站着一位老太太，精神矍铄，脸颊粉里透红，没斑点和皱纹，看上去一点都不像九十多岁。便问：“敢问您叫什么名字，家住哪里？”

“我叫姜江氏，住那儿。”手一指山前台地，皇上看后又问：“平时何以为食？”

姜江氏答道：“粗茶淡饭加姜汤。”

皇上又问：“什么姜汤？”

“用当地海姜制作的姜汤，一斤生姜半斤枣，二两白盐三两草……”姜江氏回道。

皇上豁然开朗，原来生姜是美颜的秘密。于是这个美容方子便被带进皇宫，成为皇室秘方。

到了明成化六年，有一位郎中董宿，把这个美颜秘方收入《奇效良方》一书中，写道：“一斤生姜半斤枣，二两白盐三两草（甘草），丁香沉香各半两，八两茴香一处捣，蒸也好，煮也好，修合此药省似宝，每天清晨饮一杯，一世容颜长不老。”

长泰明姜是贡品

明姜为漳州长泰特产。明姜既是品茗珍品，又可供药用，系中国传统名产之一。明姜采用优质生姜糖制而成。长泰明姜于明朝靖德年间被列为常年进贡的珍异食品，为封建时代长泰四大贡品之一。

相传五代时，长泰林墩有个叫林毕干的人，在朝当官，忠实伴君，受封“金紫光禄大夫”。林毕干每当下雨时就思念母亲，心中闷闷不乐。皇上问他有何心事，他跪下启奏说：“臣在朝伴君多年，过着幸福富贵日子，家中老母住草舍，她已七十岁，每逢下雨之时，茅屋漏水，饱受寒冷之苦。”皇上说：“难得林爱卿一片孝心，思念老母，朕准你回家探望老母亲。”又说：“人生七十古来稀，你老母得高寿，不知平时爱吃什么东西？你回家将此食物带来给联品尝。”林毕干拜谢圣恩，就回家探亲。

母子相逢格外欢喜。林毕干记住皇上的吩咐，就问母亲平时膳食所吃的是什么。她听了说：“咱家贫苦，有亲戚住在良岗山，他来看我时，会带一些生姜给我，我把姜用盐腌在瓮里，日食三餐拿一块扯成小片当菜下饭。”林毕干看见妻子站在一旁，就问妻子，母亲身体进来如何？妻子说：“婆婆近几年来身体健康。”林毕干心想：母亲患有胃气病，一定是长期吃成姜治好了。就从翁中取出一块成姜，放在嘴里嚼着，觉得又咸又辣。林母见状，一时好笑地说：“憨孩子！你在朝廷过的日子好，哪能吃得下这么苦涩的东西？”难题就出来了，这难以入口的东西怎么能送给皇上吃呢。还是老母亲办法多，她说：“你小时候在家，不爱吃‘芋仔甜’吗？为娘就把成姜煮成甜姜吧。”于是林母把翁里的腌姜块，选用淡黄色的好姜，切成食指大小的小方块，放在钵里用清水泡浸，每天换一次清水，一连泡了 12 天。捞起来放在锅里加红糖熬煮，煮到甜水成膏状，才铲出来晾干，然后用糖粉搅拌，使其干燥，就成了一种甜品。为了防止途中回潮返湿，林母用家中做粽子的干竹叶当铺垫，外包粗纸，包成三大包，贴上大红纸，让儿子带进京上贡皇上。

林毕干满心欢喜，带着糖姜回朝，皇上正患风寒感冒，口淡厌食。见到林毕干进奉“长寿的食品”，立即尝试了一粒，觉得甜辣可口，渗入脾胃，不由一口茶一粒姜，吃了大半包，一时汗出、风寒得解，头脑清醒，腹中饥饿，进食以后身体很快恢复了健康。皇上又召林毕干询问所进贡的是何食品？林毕干心想：这是石铭的生姜制成的，就回话皇上说：“微臣所进贡皇上的是‘明姜’。”

“明姜如此灵验效应，爱卿每年回乡，就带它来供朕佐茶吧。”于是，明姜成了贡品。

老话说姜

“冬有生姜，不怕风霜”

在我国民间有许多关于赞誉生姜功效的谚语，其中“冬有生姜，不怕风霜”就是一句名言。中医认为，生姜性微温，味辛，有暖胃、发汗、止呕、解毒等作用，可治疗外感风寒、头痛、咳嗽、胃寒呕吐，亦可促进血液循环、祛除寒邪。生姜的确是御冻抗寒的宝贝。在日本和韩国，人们冬天都特别流行吃姜制品。

古今医书中关于生姜功效的记载很多。据《论语》记载，孔子说自己养生“不撤姜食”，意思是他一年四季的饮食都离不开姜。在那个饱尝战祸、颠沛流离的时代，孔子竟活了 73 岁高龄，这和孔子重视吃姜有着密切关系。《黄帝内经》中说：“家备小姜，小病不慌。”红糖姜汤更是民间普遍采用的治疗感冒的验方。

现代研究发现，生姜的药用成分为姜辣素、姜酮，能镇痛止吐、抗炎杀菌、促进消化液分泌、扩张血管、促进血液循环、因此能发汗解表、驱风散寒、化痰止呕，对于风寒感冒的早期效果非常好。一旦出现咽喉不舒服、流鼻涕这些感冒先兆症状的时候，最好赶紧喝杯热姜茶。如果在姜茶中加入葱白一起煎煮，祛寒效果更好。

冬天，人的脚底最怕冷。入冬后可经常将生姜捣碎，把姜汁挤入热水中泡脚，这样脚暖暖的，睡觉也特别安稳。

经常关节痛的老人或是患有关节炎的人，将生姜切成 3 毫米的厚片，取 20 ~ 30 片，用白酒炒热后擦疼痛的关节部位，然后再和桂枝（50 克）加水一起煎煮后熏蒸关节。

冬天手上爱生冻疮的人，可以每天用生姜或酒泡姜擦手。

吃姜应遵循古人的警示：“一年之内，秋不食姜；一日之内，夜不食姜。”

秋天气候干燥，燥气伤肺，辛辣的生姜易加剧身体失水，使燥的感觉更明显。到了晚上，人体阴气内敛，而生姜为发散之品，晚上吃姜，容易耗气，因此古人有“晚上吃生姜，等于喝砒霜”之说。

“冬吃萝卜夏吃姜，一年四季保安康” 

这句俗语道出了夏季吃生姜的好处。生姜味辛，性温，四季不缺，生拌、盐炒、做汤均可，还是餐中不可缺少的调料。生姜益脾开胃，止呕，温经散寒，解头痛、发热，调理痼冷沉寒、霍乱腹痛、吐泻等。

我国自古以来就有“生姜治百病”的说法。生姜的功效很多，适用范围也很广，是治疗恶心、呕吐的良药，有“呕家圣药”的美誉。特别是夏天，适当吃些生姜，可以抑制肠道有害细菌的滋生，生姜还有杀灭口腔致病菌和肠道致病菌的作用。生姜中含有的挥发油、姜辣素等成分，能促进人体血液循环，兴奋神经系统，有助于祛风散寒，并能刺激胃肠道消化液的分泌，加强胃肠道的消化功能。夏天吃姜有以下好处。

(1) 增进食欲。由于夏天炎热，人体受暑热侵袭，出汗过多，消化液分泌减少，且夏季贪凉饮冷，易影响脾胃消化。所以人们到了夏季多会胃口不好、少食厌腻。生姜中的姜辣素能刺激舌上的味觉神经，刺激胃黏膜上的感受器，通过神经反射促使胃肠道充血，增强胃肠蠕动，促进消化液的分泌，使消化功能增强。它还能刺激小肠，使肠黏膜的吸收功能增强，从而起到开胃健脾、促进消化、增进食欲的作用。因此，夏日食姜可明显增进人们的食欲。

(2) 解毒杀菌。夏季很多人喜食冷饮、凉菜、冰棒、雪糕等冷食，这些食品极易受到外界细菌的污染，若不慎食入，便会引起恶心、呕吐、腹痛、腹泻等，而生姜所含的挥发油有杀菌解毒作用。另外，夏季气温高，鱼、肉等不易保存，新鲜程度低，若放些生姜，既可调味，又可解毒。

(3) 温中散寒。夏日里，人们喜欢食冷制品，若贪食过多，则易致脾胃虚寒，出现腹痛、腹泻等症状，而生姜有温中、散寒、止痛作用，可避免上述现象发生。

夏天吃生姜应注意以下几个问题：①凡属阴虚火旺、目赤内热者，或患有痈肿疮疖、肺炎、肺脓肿、肺结核、胃溃疡、胆囊炎、肾盂肾炎、糖尿病、痔疮者，都不宜长期食用生姜。②从疗效的角度看，生姜红糖水只适用于风寒感冒或淋雨后有畏寒、发热的患者，不能用于暑热感冒或风热感冒患者，更不能用它来治疗中暑。服用鲜姜汁可治因受寒引起的呕吐，对其他类型的呕吐则不宜使用。③吃生姜并非多多益善。夏季天气炎热，人们容易口干、烦渴、咽痛、汗多，生姜味辛，性温，属热性食物，根据“热者寒之”原则，不宜多吃，在做菜或做汤的时候放几片生姜即可。

“生姜拌蜜，咳嗽可医”

民谚说“生姜拌蜜，咳嗽可医”。早在古籍《千金方》和《本草汇言》中就有记载，只是咳嗽是多种多样的，并非生姜拌蜜都能治好。生姜和蜂蜜的用途也是多种多样的，并非只能用于咳嗽。那么，如何理解“生姜拌蜜，咳嗽可医”这句民谚呢？

咳嗽，四季均可发生，冬季尤为多见。中医将咳嗽分为外感和内伤两大类，外感于邪者，或因于风寒，或因于风热，或因于燥热；内伤脏腑者，或痰湿犯肺，或肝火犯肺，或肺虚而咳。

生姜，味辛，性温，有嫩、老之分。嫩姜又称子姜，老姜又称母姜，入药以母姜为佳。姜的主要药理作用是发表、散寒、止呕、化痰，主要用于治疗风寒感冒、呕吐、痰饮、喘咳、胀满、泄泻，及解一些药物、食物的毒性。

蜂蜜有营养心肌、保护肝脏、降低血压、防止血管硬化的作用，近年来，蜂蜜还被当作保健美容品运用。

依中医辨证论治的观点，生姜拌蜂蜜只能用于咳嗽中的某些类型。咳嗽总责之于肺，而蜂蜜有润肺之功，因此，凡咳嗽之证，蜂蜜一般可用，而由脾失健运而引起痰湿犯肺者不宜。因为此型咳嗽责于痰湿，而蜂蜜为甜腻之品，食之则助湿生痰，故用之无益。生姜止咳只适用于外感风寒和痰湿犯肺两种，其他各型咳嗽或热或燥，或阴虚火旺，如再用辛温之生姜，如火上浇油，不能止咳，反而会加重病情。所以，“生姜拌蜜，咳嗽可医”这句民谚，是指用生姜加蜂蜜治疗风寒咳嗽而言。因从临床实践来看冬季咳嗽确实以外感风寒者为最多，故有此说。

姜的功用

生姜的主要成分

生姜中提取的有效成分主要为姜辣素类、姜精油和二苯基庚烷类化合物。

姜辣素是生姜中辣味成分的总称，而姜酚为其主要成分，姜酚的化学性质极不稳定，在酸性条件下，会脱水形成姜烯酚，在加热或碱性条件下，其碳碳键会断裂形成姜酮和相应的醛。

姜精油香气浓郁，温热，略有柠檬味。姜精油是化妆品，特别是男士用香水的理想香料。食品方面，姜精油口味温热香辛，有令人愉悦的芳香气味，主要用于食品、饮料、无醇清凉饮料和特殊甜酒的添香、调味，是天然的食品香料。药用方面，姜精油有祛寒除湿、祛风止痛、温经通络的作用，用于防治晕车、晕船、晕机等运动病，还有抗衰老作用。

二苯基庚烷类化合物属多酚类物质，具抗氧化活性。

研究表明，生姜中的化学成分具有提高消化酶活性、保护胃黏膜、抑制血小板凝集、降血脂、抗肿瘤、抗炎、消除自由基、抗氧化、防腐抑菌等多种生物活性。因此，生姜提取物具有很高的药用价值。

生姜的药理及生理作用

⊙对消化系统的作用：生姜的姜烯成分具有保护胃黏膜的作用。生姜能使胃蛋白酶作用减弱，脂肪分解酶的作用增强。生姜可破坏胰酶中的淀粉酶，使胰酶对淀粉的消化作用显著下降。还可抑制淀粉酶中的 β－淀粉酶，阻碍淀粉糖化。生姜可作用于交感神经及迷走神经系统，有抑制胃功能及直接兴奋胃平滑肌的作用。生姜对消化道有轻度刺激作用，可使肠张力、蠕动次数增加，可用于因胀气或其他原因引起的肠绞痛。

⊙对循环系统和呼吸系统的作用：生姜醇提取物对麻醉猫的运动中枢及呼吸中枢有兴奋作用，对心脏也有直接兴奋作用。生姜的水提取物有强烈抑制血小板聚集的作用。

⊙对中枢神经系统的作用：生姜对中枢神经系统有抑制作用。对中枢神经的作用部位是脊髓以上水平，其机制可能与抑制兴奋突触的易化过程有某种联系。

⊙抗微生物作用：生姜提取液对金黄色葡萄球菌、白色葡萄球菌、伤寒杆菌、绿脓杆菌均有明显抑制作用，其作用与浓度呈依赖关系。生姜水浸剂在体外对伤寒杆菌及霍乱弧菌有强烈的杀灭作用。

⊙抗氧化作用：生姜有抗氧化作用。有研究表明，加入活性氧清除剂或姜提取物，能抑制脂质过氧化引起的 DNA 损伤；姜提取物亦能抑制活性氧的产生和亚油酸的氧化。

⊙其他作用：生姜泥和生姜浸出液对创伤愈合有明显的促进作用。生姜汁液能在一定程度上抑制癌细胞生长。在一些抗肿瘤药物中加入生姜提取物能减轻肿瘤药物的副作用。生姜提取物具有抗过敏的作用，能预防过敏性休克的发生，还能预防某些鱼类蛋白质引起的荨麻疹。

姜的健康学问

中医说姜

生姜味辛，性微温，入肺、脾、胃三经，具有发汗解表、温中散寒、和胃止呕的功效。适用于慢性支气管炎、哮喘、脾胃虚弱、水肿、妊娠呕吐、产后缺乳、痢疾、便血等。生姜能解半夏毒。临床上习惯将生姜和防风、紫苏叶配伍治疗外感风寒；与半夏配伍治胃寒呕吐；生姜汁、茶叶、蜂蜜调服治痰饮咳嗽，若咳而无痰可再加用杏仁。雨淋水浸之后，民间常煎服生姜汤，用以解表发汗，驱散寒气。生姜皮为利水消肿药。

生姜是烹调时不可缺少的一种调味料。其用途不仅在于消除腥膻食物的异味，还具有化解食物中某些有害成分的作用。类似的作用也表现在用药配伍中。以桂枝汤和小柴胡汤为例，生姜既有其特定的药效功能（发散风寒和调和营卫），又有调和药性和减轻诸药副作用的作用（如用以减轻甘草味甘碍胃的副作用），后者即是中医药所指“解毒”作用的一个方面，在中药汤剂中广泛应用。

生姜的挥发性物质和辛辣成分能使血管扩张，血行通畅。受寒后煎服生姜汤会感觉全身温暖，说明生姜对改善体表血液循环的作用较大，且能刺激汗腺分泌汗液，促进发汗。这就是中医所说的“散寒发表”。《名医别录》中说生姜能“归五脏”，血液循环的改善进一步激发了胃、肠、肝、胰等消化器官的功能能，从而起到“开胃气”的作用。

在中医临床主治咳嗽的常用方剂里，生姜的作用往往倍受重视，生姜用于祛痰镇咳的处方更为多见。《本草纲目》附方载，本品能治“咳嗽不止”“久患咳噫”“小儿咳嗽”等。生姜对风寒感冒后咳声不扬、痰难咳出之外感咳嗽颇有效果，服药后呼吸畅通，咳痰爽利，咳嗽也随之缓解。

中医隔姜灸疗法是在艾炷与皮肤之间放一姜片施灸，是防病治病与保健结合的一种治疗方法。通过艾与生姜在施灸时所产生的双重效果，再加上经络穴位的调理作用，促进气血运行，从而提高机体抗病祛邪的能力。

生姜入药，有生姜、干姜、煨姜、炮姜的差别，他们虽同是姜科多年生草本植物的根茎，但由于加工炮制方法不同，其性能、功效及临床应用皆有差别。

①生姜：为姜科植物的新鲜根状茎，味辛，性微温，入肺、脾、胃三经，有发表散寒、温中、止呕、解毒的作用。

②干姜：冬季来临时采肉质肥厚的老姜，去净茎叶、须根、泥沙，切片晒干或微火烘干后即成干姜。主要用于里寒、阴盛两种证型。里寒是指寒邪入里或直中寒邪，以致中焦虚寒，需用辛温药温里散寒；阴盛是指阳衰阴盛，需用辛温药回阳救逆。

③煨姜：将鲜老姜洗净，用4～5层粗草纸包好，在清水中浸湿后直接放在炭火中煨，待草纸变焦黑，姜外皮微焦、中心深黄为度，切片备用。煨姜的功用介于生姜与干姜之间。临床上一般用于调和脾胃，多与柴胡、白术、白芍、当归、茯苓、炙甘草等同用(如逍遥散)。

④炮姜：又名黑姜或姜炭。即将干姜炮至外皮呈焦褐色，内呈深黄色。炮姜味辛、苦，入血分，其主要作用是温经散寒、止痛、止血。

古代医籍中关于姜的记载如下。

《神农本草经》谓生姜：久服去臭气，通神明。

《名医别录》中记载：生姜味辛，微温。主治伤寒头痛、鼻塞、咳逆上气，止呕吐。又，生姜，微温，辛，归五藏。去痰，下气，止呕吐，除风邪寒热。久服小志少智，伤心气。

《本草拾遗》中记载：生姜汁解毒药，自余破血，调中，去冷，除痰，开胃。须热即去皮，要冷即留皮。

《药性论》中记载：生姜主痰水气满，下气。生与干并治嗽，疗时疾，止呕逆不下食。生和半夏，主心下急痛，若中热不能食，捣汁合蜜服之。又汁和杏仁作煎，下一切结气，实心胸拥隔冷热气，神效。

《开宝本草》中记载：生姜味辛，微温。主伤寒头痛鼻塞，咳逆上气，止呕吐。

《本草图经》中记载：以生姜切细，和好茶一两碗，任意呷之，治痢大妙！热痢留姜皮，冷痢去皮。

《本草衍义》中记载：生姜治暴逆气。嚼三两皂子大，下咽定，屡服屡定。初得寒热，痰嗽，烧一块，含咬之终日间，嗽自愈。暴赤眼无疮者，以古铜钱刮净姜上取汁，于钱唇点目，热泪出，今日点，来日愈。但小儿甚惧，不须疑，已试良验。

《药性赋》中记载：生姜味辛，性温，无毒。升也，阳也。其用有四：制半夏有解毒之功，佐大枣有厚肠之说。温经散表邪之风，益气止胃翻之哕。

《汤液本草》中记载：生姜气温，味辛。辛而甘，微温，气味俱轻，阳也，无毒。

《本草衍义补遗》》中记载：生姜辛温，俱轻，阳也。主伤寒头痛、鼻塞、咳逆上气，止呕吐之圣药。治咳嗽痰涎多用者，此药能行阳而散气故也。又东垣曰：生姜辛温入肺，如何是入胃口？曰：俗皆以心下为胃口者，非也。咽门之下受有形之物，系谓之系，便为胃口，与肺同处，故入肺而开胃口也。又问曰：人云夜间勿食生姜，食则令人闭气，何也？曰：生姜辛温主开发，夜则气本收敛，反食之开发其气，则违天道，是以不宜。若有病则不然，若破血、调中、去冷、除痰、开胃。须热即去皮，若要冷即留皮用。

《本草纲目》中记载：生姜生用发散，熟用和中。早行山行，宜含一块，不犯雾露清湿之气及山岚瘴气。食久，积热患目。痔人，痈疮皆不宜多食。姜皮消浮肿腹胀痞满，去翳。

《本草经疏》中记载：生姜所禀，与干姜性气无殊，第消痰、止呕、出汗、散风、祛寒、止泄、疏肝、导滞，则功优于干姜。

《药品化义》中记载：生姜辛窜，药用善豁痰利窍，止寒呕，去秽气，通神明。助葱白头大散表邪一切风寒湿热之症；合黑枣、柴、甘，所谓辛甘发散为阳，治寒热往来及表虚发热；佐灯心通窍利肺气，宁咳嗽；入补脾药，开胃补脾，止泄泻。

《本草新编》中记载：姜通神明，古志之矣，然徒用一二片，欲遽通明，亦必不得之数。或用人参，或用白术，或用石菖蒲，或用丹砂，彼此相剂，而后神明可通，邪气可辟也。生姜性散，能散风邪，伤风小恙，何必用桂枝，用生姜三钱捣碎，加薄荷二钱，滚水冲服，邪即时解散。或问生姜发汗，不宜常服，有之乎？曰，生姜四时皆可服，但不宜多服散气，岂特发汗哉。然而多服则正气受伤，少服则正气无害，又不可过于避忌坐视，而不收其功也。至于偶受阴寒，如手足厥逆，腹痛绕脐而不可止，不妨多用生姜，捣碎炒热，熨于心腹之外，以祛其内寒也。

《本草从新》中记载：姜汁，开痰，治噎膈反胃，救暴卒，疗狐臭，搽冻耳。煨姜，和中止呕。煨姜，和中止呕，用生姜惧其散，用干姜惧其燥，惟此略不燥散。凡和中止呕，及与大枣并用，取其和脾胃之津液而和营卫，最为平妥。

姜的内用偏方

感冒

⊙生姜 10 克，茶叶 7 克。生姜洗净去皮，与茶叶一同煎汤。饭后代茶饮。本方具有祛风发汗的功效。适用于感冒初起。

⊙生姜 3 克，紫苏叶 3 克，红糖 15 克。将生姜切成薄片，紫苏叶制成粗末，一同放入茶杯中，冲入沸水闷 10 分钟后加入红糖即成。代茶频饮。本方具有疏风解表、理气和中的功效。适用于外感风寒、头痛鼻塞者。

⊙荆芥 10 克，紫苏叶、生姜各 9 克，茶叶 6 克，红糖 30 克。以上 5 味，加水煎煮，去渣取汁。代茶频饮。本方具有散寒解表、化谷消食的功效。适用于风寒感冒。

急性支气管炎

⊙麻黄 10 克，豆腐 200 克，生姜 25 克。将以上 3 味一同放入砂锅中，加适量水，同煮 1 小时。饮汤吃豆腐，每晚 1 剂。本方具有疏风散寒、宣肺平喘的功效。

⊙山楂根适量，生姜 3 片，红糖适量。将山楂根洗净，刮去表皮，切成薄片，置锅中用红糖炙炒，加 1000 毫升水和生姜，煮沸 15 分钟即可。每日 1 剂，分次服。本方具有化痰行气、散风寒止咳的功效。

慢性支气管炎

⊙鸭梨3个，藕1节，荷梗1根，橘络、甘草各3克，生姜3片，莲子心10根，玄参6克。鸭梨、藕、姜分别去皮捣汁。荷梗切碎；玄参切片；与橘络、甘草、莲子心入锅内加水共煎30分钟，晾温，过滤去渣。再与鸭梨、藕、姜汁混合搅匀。代茶频频饮之。本方具有润肺生津、止咳的功效。适用于慢性支气管炎。

⊙鸡蛋1个，白糖30克，生姜汁5克。将鸡蛋打入碗中，搅匀，加入白糖，用沸水冲泡，再加生姜汁。早晚各服1次。本方具有补气止咳的功效。

支气管哮喘

⊙桑白皮150克，生姜9克，吴茱萸15克，白酒1000毫升。将桑白皮切碎，与生姜、吴茱萸一同加500毫升水和白酒，用小火煮成1000毫升，去渣待用。日服2次，每次20毫升。本方具有泻肺平喘，理气化痰的功效。

⊙黑芝麻500克，生姜120克，冰糖100克，蜂蜜100克。将黑芝麻上火炒熟，并将其擀碎；生姜切碎与取黑芝麻拌匀；再将冰糖捣碎，和蜂蜜搅拌均匀。然后将上述材料混合均匀，装瓶，备用。日服2次，每服20克，用温开水送下，可连续服用。服药期间禁烟酒，等食生冷、油腻、辛辣、过咸食物。本方具有止喘的食疗功效。

消化不良

⊙山楂20克，橘皮15克，生姜3片。水煎服，每日1剂，分2次服。具有消食导滞，健脾开胃的功效。

⊙橘皮120克，炒山楂、炒枳壳各24克，炒谷芽、茶叶各30克，炒神曲45克，鲜生姜1片。将橘皮用盐水浸润、炒干。上药共研粗末，和匀过筛，每袋9克。每次1袋，加1片鲜生姜，开水冲泡，代茶饮。忌食生冷、油腻之物。本方具有健脾理气，消胀除满、消积化滞、增进食欲的功效。

⊙山楂、扁豆、陈皮、茯苓、厚朴各6克，甘草2克，炮姜3片。水煎服，每日1剂，分2次服。本方具有健脾和胃、理气消食、行气止呕的功效。

胃、十二指肠溃疡

⊙炙黄芪15克，桂枝尖6克，生白芍12克，炮姜5克，红枣5枚，蒲公英10克。水煎服，每日1剂。本方具有益气暖胃的功效。

⊙木瓜500克，生姜30克，醋500毫升。将以上3味一同放入砂锅内，用小火炖熟。1剂分3次服用，每天1次，连续服用3 ~ 4剂。本方具有健脾化瘀、平肝和胃、祛湿舒筋、散寒解毒的功效。

急性胃炎

⊙生姜10克，法半夏7克，红糖适量。将生姜洗净，取汁；再将半夏加水煎煮5 ~ 8分钟，去渣取汁。两汁混匀，加入红糖。代茶频饮，每日3 ~ 4次。本方具有消食化痰、降逆止呕的功效。

⊙生姜20克，苦瓜根50克，白糖适量。以上3味加水煎煮，去渣取汁，代茶饮。本方具有降逆止呕的功效。

慢性胃炎

⊙法半夏 6 克，生姜 3 克，红枣 3 枚。以上 3 味加水煎汤，代茶饮。本方具有温补脾胃、散寒止痛的功效。

⊙生姜 30 克，红糖、醋各适量。将生姜洗净，切片，用醋浸泡 24 小时。每服 3 克，加入红糖，用沸水冲泡，加盖闷 5 分钟，代茶频饮。本方具有温中、健胃、止呕的保健功效。

打嗝

⊙竹茹 30 克，芦根 30 克，生姜 3 克。以上 3 味加水煎汤，去渣取汁，代茶饮。本方具有生津解渴、和胃消食、止呕哕的功效。

⊙生姜汁、鲜韭汁各 5 毫升，鲜牛奶 250 毫升。以上 3 味混匀隔水炖熟，饭前 1 次服下。本方具有和胃降逆的功效。

腹痛

⊙生姜 100 克，米醋 100 毫升。将生姜洗净，切成细丝，倒入米醋中，浸泡 3 天。每日取 10 毫升，空腹饮用，可加热后再喝。本方能温胃散寒，理气止痛。适用于寒性腹痛及过食寒凉饮食引起的腹痛。

⊙生艾叶 10 克，生姜 15 克，鸡蛋 2 个。将带壳鸡蛋洗净，与生艾叶和生姜一同入锅，加适量水，煮熟后去蛋壳，放入水中再煮，煮好后去渣。饮汁吃蛋。本方具有温阳除湿的功效。

急性肠炎

⊙山楂30克，生姜3片，红糖15克。山楂切片炒焦，加生姜、红糖，水煎服。本方具有收敛止泻、健脾和胃、散寒止呕的功效。

慢性肠炎

⊙生姜30克，红枣10克。以上2味炒至微焦，加水煎汤，代茶饮。本方具有温中散寒、益气补中的功效。

⊙石榴叶60克，生姜15克，盐30克。以上3味一同炒黑，加水煎汤，去渣取汁，代茶饮。本方具有生津止渴、涩肠止泻、温中散寒的食疗功效。

细菌性痢疾

⊙生姜30克，炒芍药15克，黄酒70毫升。生姜捣碎，与芍药同置容器中，加入黄酒，煮沸1分钟，去渣顿服，每日1剂。本方具有温通气血的功效。

⊙黄连6克，生姜汁5毫升，绿茶10克。用沸水冲泡黄连和绿茶，5分钟后倒入姜汁，调匀，代茶饮。本方具有清热、和胃、止痢的功效。

便秘

⊙干姜、甘草、大黄各30克，人参、制附子各20克，黄酒1000毫升。以上5味共捣碎，置于净瓶中，倒入黄酒浸泡5天后开封，去渣备用。温饮，日服 2 次，每服 10 ~ 20 毫升。本方具有温中通便的功效。

脂肪肝

⊙焦山楂、生黄芪各 15 克，荷叶 8 克，生大黄 5 克，生姜 2 片，甘草 3 克。将以上 6 味洗净后置锅中共煎汤。代茶随意饮,或每日 3 次。本方具有益气消脂、通腑除积、轻身健步的功效。

低血压

⊙牡蛎 15 克，干姜、炙甘草各 30 克。每日 1 剂，水煎 2 次，1 次服下。本方具有升血压的功效。

⊙法半夏、茯苓、白芍、钩藤各 10 克，党参、黄芪各 12 克，菊花 6 克，当归 3 克，生姜 3 片，红枣 3 枚。水煎服。本方具有升血压的功效。适用于老年体位性低血压。

冠心病

⊙焦山楂、生地黄各 15 克，荷叶 8 克，生大黄 4 克，当归 10 克，泽泻 9 克，生姜 2 片，甘草 3 克。以上药水煎服，代茶饮。本方具有活血化瘀、清热、降血压、降血脂的功效。

泌尿系统结石

⊙冬瓜皮 50 克，黑豆、生姜各 10 克。以上 3 味加水煎汤，代茶饮。本方具有清热通淋、除湿利水的功效。

晕厥

⊙桂枝 6 克,豆豉 15 克,生姜 18 克,栀子 12 克,黄酒 30 毫升。将栀子捣碎，将全部材料混匀，煮至味出，去渣，待温即成。1 剂顿服。本方具有温阳救逆的功效。适用于突然晕厥、四肢逆冷不温。

腰腿疼痛

⊙生地黄 150 克，白杨树皮 80 克，生姜 20 克，大豆 (炒)80 克，白酒 500 毫升。生地黄洗净、切碎，白杨树皮、生姜、大豆一起捣烂装入布袋，置容器中，加入白酒，密封浸泡 7 天后去渣即成。空腹温服，日服 3 次，每服 20 毫升。本方具有清热利湿的功效。

糖尿病

⊙鲜生姜 2 克，盐 4.5 克，绿茶 6 克。以上 3 味加水煎汤 500 毫升，代茶饮。本方具有清热润燥的功效，适用于糖尿病患者。

小儿自汗、盗汗

⊙红枣（焙干，去核）500克，生姜（切成片）500克，甘草（炒）60克，盐（炒）60克。以上4味分别研末，混匀，每日晨起空腹服6～10克，用开水冲调。本方具有滋养胃气、调和营卫的功效。适用于小儿自汗、盗汗。

⊙太子参10克，茯苓6克，生姜3克，大米50克，鸡蛋清1个，盐2克。将太子参、茯苓、生姜用水煎取汤汁，去渣后与淘洗干净的大米一同入锅，加适量水，用大火烧开后转用小火熬煮成稀粥，加入鸡蛋清和盐，搅匀即成。日服1～2次，一年四季均可间断食用。本方具有健脾益气、养胃补虚的功效。适用于小儿自汗、盗汗，身体虚弱所致倦怠无力、食少纳呆、反胃呕吐、大便稀薄等症。患有外感病时不宜服用。

新生儿黄疸

⊙茵陈、白术各3克，干姜2克，乳汁100毫升。前3味加水煎取汁50毫升，兑入乳汁中搅匀，每服20～30毫升，每日3～4次。本方具有温中化湿的功效。适用于新生儿黄疸。

⊙茵陈3克，干姜1克，茯苓2克，乳汁适量。水煎取汁，兑入乳汁和匀，分2次服。本方具有温中化湿的功效。

新生儿小便不通

⊙葱白2根，生姜1块，淡豆豉、盐各9克。捣烂制成药锭，温敷脐上，以纱布覆盖固定。本方具有通闭利尿的功效。适用于新生儿小便不通。

⊙太子参、炙甘草各 3 克，麦冬 6 克，黄柏 1.5 克，生姜 3 片。以上 5 味加水煎服。本方具有补气利水的功效。适用于新生儿气虚津液不足、小便不通。

百日咳

⊙鲜芦根 150 克，竹茹 15 克，鲜茅根 150 克，生姜 2 片，大米 50 克。以上前 4 味加水煎煮 20 分钟，去渣取汁与淘洗干净的大米一同入锅，加适量清水，用大火烧开后转用小火熬煮成稀粥。日服 2 次，3 ~ 5 天为 1 个疗程。本方具有清肺化痰的功效。适用于百日咳初发期。

⊙柿饼 2 个，生姜 6 克。将生姜切片，夹在柿饼中焙热吃下。本方具有清热泻肺、涤痰降逆的食疗功效。适用于小儿百日咳痉咳期。

小儿感冒

⊙藿香 6 克，生姜 5 克，红糖适量。藿香、生姜加水煎取汁，调入红糖。每日 1 剂，分 2 ~ 3 次饮完。本方具有化湿和中，解表解寒的功效，适用于小儿感受暑湿之邪，但以湿为主者。

⊙生姜 10 克，红糖 25 克，米醋 50 毫升。将生姜刮去外皮，洗净，捣碎，与米醋一起放入锅内煮沸 5 分钟，加入红糖搅拌至溶化。取汁趁热分 1 ~ 2 次饮完，每日 1 剂，连服 3 ~ 5 剂。本方具有辛温解表的食疗功效。适用于小儿风寒感冒。

小儿咳嗽

⊙生姜 3 片，白萝卜 100 克。白萝卜洗净，切片，同生姜片一起下入锅中，煮沸 10 分钟，趁热服用。本方能散寒止咳、化痰，适用于小儿风寒咳嗽。

⊙生梨汁 30 毫升，生姜汁 5 毫升。以上 2 味混匀，每日服 1 ~ 2 次。本方具有养阴、润肺、止咳的食疗功效。适用于小儿阴虚燥咳。

小儿哮喘

⊙核桃仁、甜杏仁各 25 克，蜂蜜 50 毫升，生姜汁少许。将核桃仁、甜杏仁与蜂蜜混合后蒸熟，加生姜汁数滴，分数次服食。本方具有温肺散寒，化痰平喘的食疗功效。适用于小儿寒性哮喘。

小儿呕吐

⊙生姜 3 克，陈皮 10 克，炙甘草 3 克。上药共研细末，分 6 次以温枣汤调服。具有温中散寒的功效。适用于小儿呕吐。

⊙竹茹、芦根各 15 克，生姜 3 片。以上 3 味加水煎取汁，代茶饮。本方具有清胃热的功效。适用于胃热呃逆、呕吐等症。

小儿腹泻

⊙山楂炭 0.3 克，炮姜炭 0.3 克。以上 2 味加白糖服用，每天 3~4 次。本方具有消食导滞的功效。适用于小儿伤食腹泻。

⊙生姜适量。将生姜烧焦后，磨成粉末，用米汤送服。本方具有补脾温肾的功效。适用于小儿肠炎。

小儿痢疾

⊙萝卜汁 60 毫升，生姜汁 15 毫升，蜂蜜 30 克，浓茶 1 杯。以上 4 味调匀蒸熟服用，每日 2 次。本方具有清热、解毒、止痢的功效。

⊙诃子 5 克，生姜 10 克，大米 50 克。先煎前 2 味，去渣取汁，与大米一同常法煮粥，每日 1 剂。本方具有涩肠止泻的功效。

小儿腹痛

⊙生姜、红糖、白糖各 9 克，红枣 3 枚，艾叶 5 克。以上 5 味加水煎服。本方具有温中散寒、理气止痛的功效。适用于腹部中寒之小儿腹痛。

⊙白芍 12 克，桂枝 8 克，甘草 3 克，生姜 10 克，红枣 4 枚，饴糖 30 克。前 5 味水煎取汁，加入饴糖，小火煮至溶化，每日 2 ~ 3 次温服。本方具有温中益气、调和阴阳的功效。适用于小儿虚寒腹痛。

小儿厌食

⊙生姜、红糖、醋各适量。将生姜洗净，切片，用醋浸 24 小时，醋以浸没生姜片为度。取 3 片浸泡好的生姜，加入红糖，用沸水冲泡，代茶饮。本方具有消食化积的功效。

⊙红枣肉 250 克，生姜 60 克，生鸡内金 60 克，白术 120 克，桂皮 9 克，白糖适量。各药焙干研末，和匀，加糖、面粉制成小饼，于锅中烘熟。每次 2 ~ 3 个，每天 2 ~ 3 次，空腹时作点心食用，连食 7 ~ 8 天。本方具有健脾益气的功效。

小儿饮食积滞

⊙生姜末 3 克，醋少许。将生姜末加水煎汤，再加入醋，趁热服用。本方具有调中、健脾、消积的食疗的功效。

小儿疳证

⊙鳝鱼 150 克，薏苡仁、山药各 15 克，生姜 3 克，大米 50 克。鳝鱼去内脏，洗净切段，与后 4 味煮粥，调入少许盐或糖。本方具有健脾利水的功效。

⊙生姜 250 克，党参 250 克，山药 250 克，蜂蜜 300 克。生姜捣汁；党参、山药研末；最后加蜂蜜搅匀，慢慢煎成膏。每次 1 汤匙，每天 3 次，用热粥送服，连服数天。本方具有补益气血的功效。

小儿便秘

⊙当归 15 克，生姜 10 克，羊肉 60 克。以上材料加水，煮至羊肉烂熟加少量盐调味，分 2 ~ 4 次喝汤吃肉。每日 1 剂。本方具有益气补血润肠的功效。适用于小儿虚性便秘。

小儿夜啼

⊙干姜 1 ~ 3 克，高良姜 3 ~ 5 克，大米 50 克。先煎干姜、高良姜，取汁、去渣，再入大米同煮为粥。本方具有温暖脾胃、散寒止痛的功效。

小儿贫血

⊙羊肉 60 克，生姜 20 克，当归 10 克，精盐适量。将羊肉、生姜分别洗净切片，与当归一同入锅，加适量水，煮 30 分钟，加少许精盐调味即成。趁热喝汤，次日原锅中加水再煎，弃渣喝汤。2 天 1 剂，连服 2 个月。本方具有温阳散寒、温中和胃、补气生血的功效。

小儿蛔虫病

⊙生姜 100 克，米醋 250 毫升。将生姜洗净，切成丝，放入米醋中，密封浸泡 7 天后即成。小儿蛔虫病伴腹痛时每服 150 毫升,6 小时服用 1 次,连服 2 天。胃酸分泌过多者慎用。本方具有和胃散寒、安蛔止痛的食疗功效。适用于小儿蛔虫病伴有腹痛。

⊙生姜 100 克，蜂蜜 60 克。将新鲜生姜去皮洗净，捣烂取汁、去渣，然后加入蜂蜜，搅拌均匀即成。1 ~ 4 岁服 5 ~ 10 克，5 ~ 9 岁服 15 克，10 ~ 13 岁服 15 ~ 20 克,均分作 2 ~ 3 次服用。本方具有健脾和胃、散寒止痛的食疗功效。适用于小儿蛔虫性肠梗阻。

小儿鹅口疮

⊙白扁豆 6 克，玫瑰花 6 克，生姜 2 片。以上 3 味洗净，放入锅中，加适量的清水，用大火煮沸后转用小火慢炖，去渣、取汁即成。日服 1 ~ 2 次。本方具有清热解毒、燥湿敛疮的功效。

小儿流涎

⊙橘皮 100 克，干姜 5 克，益智仁 30 克，甘草 15 克，蜂蜜 500 克。将橘皮、干姜、益智仁、甘草共放锅内，加 500 毫升水煮取 150 毫升，用纱布滤去渣，倒入蜂蜜，再用小火熬炼成膏状，取出放凉，瓶装备用。1 ～ 2 岁者每次 5 克，3 ～ 5 岁者每次 5~10 克，6 岁以上者每次 10 克，放口内含化或用温水冲服。每日 2 ～ 3 次，疗程不限。本方具有温脾燥湿的功效。适用于脾胃虚寒型的小儿流涎。

月经后期

⊙当归 30 克，羊肉 250 克，生姜 15 克。加少许水，隔水蒸烂，加少量黄酒去膻气，依个人喜欢调味。佐餐食用，每日 1 剂。具有祛寒补益的功效。适用于虚寒型月经后期。

⊙阿胶 15 克，牛肉 100 克，米酒 20 毫升，生姜 10 克。将牛肉去筋、切片，与生姜、米酒一起放入砂锅，加适量水，用小火煮 30 分钟，加入阿胶及调味料，烧至阿胶溶化即可。每日 1 剂，吃肉喝汤。本方具有滋阴养血、温中健脾的功效。适用于月经后期。

月经先后无定期

⊙白术、茯苓、当归、香附、白芍各 15 克，柴胡、甘草、薄荷（后下）各 5 克，干姜 3 克。水煎服，每日 1 剂。每月于月经前连服 5 剂。本方具有疏肝养肝、健脾和胃的功效。适用于肝郁脾虚型月经先后无定期。

月经过多

⊙乌梅炭、棕榈炭、地榆炭各500克，干姜炭750克。以上前3味共研粗末，过60目筛；再将干姜炭水煎30分钟，滤汁；加水煎沸20分钟，过滤，并将药渣压榨取汁，与2次滤液合并浓缩，加适量过滤粉，压制成块状，每块重9克，晒干或烘干备用。代茶饮，每日1块。具有凉血止血，温中下气的功效。

⊙鲜蚌肉150克，米酒2匙，姜汁1匙，盐、植物油各适量。将蚌肉洗净，锅中加入适量植物油，烧热时下入蚌肉稍炒，加入米酒、姜汁和适量水同煮。煮熟后加盐调味，饮汤食肉。每日1次，连服5天。本方具有滋阴清热、利湿利尿、调经止血的功效。

月经过少

⊙当归30克，瘦羊肉250克，生姜15克，桂皮5克。将羊肉洗净切块，加调味料、桂皮、当归、生姜，用慢火炖煮至烂熟，去渣。吃肉喝汤。于月经前3～5日开始食用，每日服1剂。本方具有养血调经的功效。适用于血虚型月经过少。

经期延长

⊙党参10克，黄芪20克，升麻15克，白术15克，炒艾叶15克，炮姜炭5克，茜草15克，益母草5克，乌贼骨15克。上药水煎服，每日1剂，早晚分服。本方具有健脾益气、温经止血的功效。

⊙党参10克，白术15克，茯苓15克，黄芪30克，龙眼肉15克，酸枣仁20克，木香10克，炮姜炭15克，艾叶15克，生姜5克，炙甘草10克。水煎服。每日 1 剂，早晚分服。本方具有健脾益气、温经止血的功效。

痛经

⊙羊肉 500 克，当归 20 克，黄芪 15 克，生姜 5 片。将羊肉洗净切块，与当归、黄芪、生姜共炖汤。加盐及调味品，吃肉饮汤。本方具有益气养血的功效。适用于气血虚弱型痛经。

⊙山楂 50 克，生姜 15 克，红枣 15 枚。上药水煎服。每日 1 剂，分 2 次服。本方具有活血化瘀、温经止痛、行气导滞的食疗功效。适用于痛经。

经行头痛

⊙天麻、白术、茯苓、陈皮、蔓荆子、僵蚕各 10 克，生甘草 6 克，生姜 3 片，红枣 5 枚。水煎服，每日 1 剂。本方具有化痰降浊、止痛的功效，适用于经行头痛。

经行不寐

⊙党参、炙黄芪、酸枣仁各 12 克，白术、茯神各 10 克，远志 8 克，当归身 6 克，木香、炙甘草各 5 克，龙眼肉 8 枚，生姜 3 片，红枣 6 枚。加水煎服，每日 1 剂。本方具有益气养血、宁心安神的功效。

经行泄泻

⊙白芍 20 克，桂枝、白术、茯苓各 10 克，党参、黄芪、山药各 12 克，炙甘草、当归、红枣各 8 克，饴糖、生姜各 15 克。水煎服，每天 1 剂。本方具有健脾益气止泻的功效。

经行发热

⊙柴胡、半夏、当归、黄芩、赤芍、牡丹皮、竹茹、青蒿各 10 克，陈皮、甘草、红枣各 5 枚，郁金 12 克，生姜 3 片。水煎服，每日 1 剂。本方具有活血化瘀、清热调经的功效。

⊙柴胡 4.5 克，桂枝 (后下)6 克，黄芩 6 克，吴茱萸 4.5 克，干姜 4.5 克，藁本 6 克，延胡索 9 克，半夏 9 克，当归 (后下)6 克，川芎 6 克，茯苓 12 克，丹参 12 克。水煎服，每日 1 剂。本方具有和血调营的功效。

经行水肿

⊙白术、茯苓皮各 15 克，陈皮 6 克，姜皮 4.5 克，大腹皮、冬葵子各 12 克，当归 9 克。水煎服，每日 1 剂。本方具有健脾渗湿的功效。

⊙茯苓、白术各 15 克，白芍 12 克，淡附片、生姜各 9 克，巴戟天肉 10 克。水煎服，每日 1 剂。本方具有温肾利水的功效。

经行身痛

⊙薏苡仁 50 克，干姜 9 克，白糖 50 克。将薏苡仁、干姜加适量水煮烂成粥，再调入白糖服食。每日 1 次，连服 1 个月。本方具有祛寒燥湿的功效。适用于寒湿型经行身痛。

⊙黄芪 20 克，桂枝 15 克，白芍 10 克，甘草 12 克，饴糖 4 克，生姜 20 克，红枣 6 克。水煎服。本方具有活血养血的功效。适用于经行身痛。

带下病

⊙茶叶末 3 克，生姜汁半盅 (约 25 克)。将 2 味拌匀，分 2~3 次服用。本方具有调理阴阳、止血止带的食疗功效。适用于赤带。

⊙艾叶 (炒)120 克，当归 (切焙)30 克，炮干姜 30 克，米醋 1000 毫升。将前 3 味捣末，取一半药末加醋煎浓，然后再加入另一半药末，和为小丸，每服 30 丸，空腹温粥送服。本方具有散寒除湿、温经止血的功效。适用于带下病。

阴道干燥症

⊙沙参 15 克，天冬 12 克，百合 20 克，乌梅 10 个，猪皮 (去内脂层)1000 克，生姜 300 克，黄酒 50 毫升。上药共入砂锅，小火炖 3 小时。待猪皮烂后加入少许盐，冷却后结成猪皮冻。三餐食用。本方具有滋阴清热的功效。

盆腔炎

⊙鹿角片 10 克，熟地黄 12 克，白芥子 6 克，桂枝 10 克，炮姜 10 克，生黄芪 15 克，昆布、海藻各 15 克，皂角刺 6 克。水煎服，分 2 次服，每日 1 剂。本方具有温阳散结的功效。

⊙当归 15 克，川芎、桃仁、炮姜各 10 克，甘草 5 克，乳香、三七各 5 克。水煎服，每日 1 剂。本方具有活血养血、祛波止血的功效。适用于盆腔炎。

妊娠呕吐

⊙紫苏梗 6 克，陈皮 3 克，生姜 2 片，红茶 1 克。将前 3 味剪碎与红茶一起以沸水闷泡 10 分钟，或加水煎 10 分钟即可。每日 1 剂，可冲泡 2 ~ 3 次。代茶饮，不拘时温服。本方具有理气和胃、降逆安胎的功效。

⊙旋覆花 (包煎)9 克，制半夏、茯苓各 12 克，生姜 4 片。每日 1 剂，水煎分 2 次服。本方具有降逆止呕的功效。

产后出血

⊙当归 15 克，桃仁、炮姜、川芎各 9 克，五灵脂、炒蒲黄各 12 克，丹参 6 克。水煎服，每日 1 剂。本方具有活血化瘀、养血止血的功效。

产后恶露不下

⊙当归、益母草各15克，川芎、香附各10克，桃仁、甘草各5克，炮姜3克，焦艾叶15克，三七粉(冲服)6克。水煎，空腹服。本方具有温经、化瘀、止痛的功效。

⊙益母草、红糖、生姜各适量。水煎服，每日1剂，连服3～7日。本方具有养血调经的功效。

产后子宫复旧不全

⊙当归15克，川芎6克，红花、陈皮、木香、炒枳壳各5克，制香附、山楂各12克，甘草3克，生姜3片。上药水煎服，每日1剂，分2次服。本方具有活血化瘀、行气止痛的功效。

⊙川芎、当归、桃仁、五灵脂、炒蒲黄各15克，炮姜9克，甘草6克。水煎服，每日1剂。本方具有活血化瘀、行血止血的功效。

产后胎衣不下

⊙干姜、艾叶各9克，米醋100毫升，红糖适量。将干姜和艾叶加水煎汤去渣，加入米醋、红糖，再煮片刻即成。温热顿服。本方具有活血化瘀、温经散寒的功效。

产后腹痛

⊙焦山楂 12 克，红糖 30 克，生姜 3 片。上药用开水冲泡，代茶饮。本方具有活血化瘀、散寒止痛的功效。

⊙瘦羊肉 500 克，当归 20 克，生姜 30 克，大茴香、桂皮各适量，盐少许。将当归、生姜放入布袋，用线扎好；羊肉洗净，切成块，材料一同入锅，加大茴香、桂皮和适量水，小火焖煮至羊肉熟烂，去大茴香、桂皮和药袋。吃肉喝汤，分次食用。本方具有散寒补血、温脾健胃、调经散风的功效。

产后发热

⊙当归、益母草各 30 克，川芎、桃仁、甘草、牡丹皮各 10 克，炮姜 5 克，炼蜜 50 克。以上前 7 味洗净放入砂锅中，加 500 毫升水，煎熬至 300 毫升，去渣过滤取汁，浓缩，加入炼蜜收膏即成。日服 3 次，每服 30 克。本方具有活血祛瘀、退热的功效。

⊙绿茶、荆芥、紫苏叶各 6 克，生姜 2 克（洗净切片），冰糖 25 克。将绿茶、荆芥、紫苏叶、生姜同放入锅中，加水约 500 毫升，小火煮沸约 5 分钟，取汁，再加水复煎，两次共取药汤约 500 毫升，用双层纱布过滤，装入碗内。然后将冰糖加 50 毫升水煮沸溶化后兑入药液内，趁热分 2 次饮完。本方具有疏风散寒解表的功效，适用于产后感寒发热。

产后汗出

⊙桂枝、炒白芍、炙甘草各 6 克，煅龙骨、煅牡蛎各 15 克，生姜 4 片，红枣 5 枚。水煎服，每日 1 剂。本方具有调和营卫、护阳固表的功效。

产后身痛

⊙羊肉 250 克（先煎取汤），黄芪、桂枝、生姜、炙甘草各 15 克，白芍、当归、鸡血藤各 30 克，红枣 15 枚。水煎服，每日 1 剂。本方具有养血补虚、活血益气、疏风散寒、调和营卫的功效。

产后头痛

⊙当归、地龙干、山羊角各 12 克，川芎 6 克，香附、桃仁各 9 克，炮姜、炙甘草各 5 克，益母草 20 克，白芷、蔓荆子各 10 克。水煎服，每日 1 剂。本方具有活血、祛瘀、通窍的功效，适用于产后头痛。

⊙党参、炙甘草、苍术、厚朴、枳壳、陈皮、当归、川芎、白芍、桂枝、桔梗、防风各 3 克，茯苓 6 克，黑豆 9 克，生姜 3 片，红枣 3 枚。上药用 1 杯醋和半杯水和匀，浸湿后炒成黄色，再加水用小火煎。本方具有祛风除湿、调和营卫的功效，适用于产后头痛。

产后小便频数、尿失禁

⊙黄芪、当归、党参、白术、白芍各 9 克，炙甘草 3 克，生姜 3 片，红枣 3 枚，猪膀胱 1 只。水煎服，每日 1 剂。本方具有益气举陷、固涩缩尿的功效。

产后腹泻

⊙炒山楂 30 克，生姜 3 片，红糖 15 克。水煎服。本方具有消食止泻的功效。

⊙绿茶 6 克，干姜末 3 克。以沸水冲泡，加盖闷泡 10 分钟，代茶频饮。本方具有温中散寒、祛湿的功效。

产后不寐

⊙炙黄芪、党参、茯苓、柏子仁、麦冬各 10 克，当归 8 克，川芎 6 克，五味子 3 克，龙骨 (先煎)20 克，炙甘草 5 克，生姜 2 片。水煎服，每日 1 剂。本方具有养血安神的功效。

产后缺乳

⊙猪蹄 2 只，生姜 500 克，甜醋 1000 毫升。将生姜洗净，去皮，切块；猪蹄洗净，切块，一同入锅，再加入甜醋一同煮熟即成。若是寒冬腊月，煮好后放置 1~2 天后再食用，则效果更佳。分数次吃完。本方具有健脾胃、补气血、通乳汁、散血祛瘀的食疗功效。

⊙木瓜 500 克，生姜 30 克，醋 500 毫升。将以上 3 味一同放入砂锅内，用小火炖熟即成。1 剂分 3 次服用，每日 1 次，连续服用 3 ～ 4 天。本方具有健脾和胃、祛湿散寒、通乳的食疗功效。

产后体虚

⊙丹参、白芍、桂枝、甘草、生姜各1克，当归1.5克，生地黄2克，红枣2枚。上药煎汁温服，每日1剂。本方具有益气升阳的功效。

⊙鹿角胶20克，大米50克，生姜3片。先煮大米为粥，待煮沸后加入鹿角胶、生姜，续煮为稀粥服食。本方具有益气升阳的功效。

男性勃起功能障碍

⊙鹌鹑1只，枸杞子15克，柴胡9克，桑寄生30克，生姜6克。将鹌鹑洗净，加适量水与上述诸药放入锅内同煮，至烂熟后，调味，食肉饮汤。每日1剂，10天为1个疗程。本方具有疏肝解郁、通络举阳的功效。适用于肝气郁结型勃起功能障碍。

遗精

⊙牡蛎、芍药、龙骨、甘草各15克，红枣3枚，生姜20克。上药加4000毫升水，煎取1500毫升，去渣，分3次温服。本方具有收涩止遗的功效。适用于梦遗、滑精。

⊙桂枝、芍药、生姜各15克，甘草10克，红枣5枚，龙骨、牡蛎各15克。水煎取汁，每日1剂，早、晚分服。本方具有交通心肾、涩精止遗的功效。适用于遗精。

房劳伤

⊙白芍 10 克，桂枝 (后下)、炙甘草、生姜各 6 克，红枣 5 枚，饴糖 (化服)60 克。水煎服，每日 1 剂。本方具有温养脾胃的功效。适用于脾胃中寒型房劳伤。

⊙人参 (另煎)、茯苓、白术、当归、白芍各 10 克，熟地黄 15 克，炙甘草 5 克，生姜 3 片，红枣 3 枚。水煎服，每日 1 剂。本方具有补益气血的功效。适用于气血两虚型房劳伤。

不育症

⊙乌梅、党参各 12 克，干姜、当归、附片、桂枝、黄柏各 9 克，黄连 6 克，川椒 2 克。水煎服，每日 1 剂，早、晚各服 1 次。本方具有寒热并用、补泻兼施的特点。适用于寒热错杂型不育症。

急性前列腺炎

⊙肉桂 (后下)10 克，小茴香 10 克，当归 10 克，沉香 (后下)5 克，制香附 10 克，茯苓 10 克，枸杞子 10 克，荔枝核 15 克，川楝子 10 克，橘核 10 克，生姜 10 克，红枣 10 枚。水煎服，每日 1 剂。本方具有暖肝散寒的功效。适用于寒凝肝经型急性前列腺炎。

非细菌性前列腺炎

⊙小茴香10克，干姜5克，肉桂(后下)5克，当归10克，赤芍10克，川芎10克，乌药10克，延胡索10克，制乳香10克，制没药10克，蒲黄(包煎)10克，五灵脂10克，甘草5克，红枣10枚，川楝子10克。水煎服，每日1剂。本方具有活血化瘀的功效，适用于瘀血阻滞型非细菌性前列腺炎。

扁平疣

⊙赤芍、鲜生姜(切碎)、桃仁各10克，川芎、红花各6克，老葱3根，红枣7枚(去核)。上药煎取200毫升药汤，加入0.15克人工麝香(绢包)，加250毫升黄酒，两液同煮沸后，口服，每日1剂。本方具有活血祛风的功效，适用于扁平疣。

冻疮

⊙当归、桂枝、白芍、葛根各12克，通草8克，干姜6克，甘草5克，红枣6枚。内服每日1剂，水煎分2次服。同时配合外洗方：花椒15克，肉桂、鲜姜各12克，艾叶10克，水煎洗患处。本方具有温经散寒、活血通络的功效。

结节性红斑

⊙桂枝、赤芍、知母、白术、防风各15克，丹参、地龙、乌梢蛇各20克，甘草、生姜、地鳖虫各10克，麻黄、附子各5克。水煎服，每日1剂。本方具有调和营卫、通络祛风的功效。

过敏性紫癜

⊙桂枝、生白芍、炙甘草、生姜、红枣各6克，丹参15克。水煎，分3次服，每日1剂。本方具有清热凉血、益气养血的功效。

黄褐斑

⊙当归、白芍、白术各15克，茯苓、柴胡、甘草各10克，薄荷(后下)6克，煨干姜3片。上药加水煎2次，早、晚各服1次，每日1剂。本方具有滋补肝肾、消色除斑的功效。

⊙柴胡、白芍、当归、白术各15克，山药、茯苓、熟地黄各12克，牡丹皮、山茱萸、薄荷各10克，炮姜5克，甘草6克。水煎服，每日1剂，15剂为1疗程。本方具有疏肝解郁、祛斑的功效。

姜的外用偏方

感冒

⊙葱白 30 克，生姜 30 克，盐 6 克，白酒 50 毫升。以上前 3 味共捣成糊状，再加入白酒调匀，然后用消毒纱布包好，涂擦前胸、后背、手心、脚心、腋窝及肘窝等处，涂擦一遍后让患者安卧。本方适用于风寒型感冒初期。

支气管炎

⊙石菖蒲、艾叶、麻黄、葱白、生姜各适量。一起捣烂，下锅炒热后用消毒纱布包好，趁热在胸背部反复热熨，凉后再炒再用。每次热熨 10 ~ 15 分钟，每日用药 1 次。本方适用于风寒型支气管炎，症见咳嗽、畏寒者。

⊙莱菔子 15 克，白芷 9 克，生姜汁适量。莱菔子和白芷共研细末，用生姜汁调匀，制成 2 块药饼。将药饼贴于双侧肺俞穴，再用胶布固定，每周换药 1 次。本方适用于风寒型支气管炎，症见咳嗽、畏寒者。

哮喘

⊙生姜 30 克，生大附子 1 枚。共捣烂，下锅炒热，用消毒纱布包裹。热熨胸背部，由上至下，反复熨之。每次热熨 5 分钟，每日热熨 1 次。本方适用于寒性哮喘。

⊙麻黄、苏子、老姜、面粉各15克，白酒适量。以上前2味共研细末；生姜捣烂；再加入面粉一同和匀，下锅炒热；加白酒少许拌炒至热，用消毒纱布包裹，热熨背部，冷则加白酒少许炒热再熨。每日热熨10～15分钟，每日热熨1次。本方适用于寒性哮喘。

消化不良

⊙生姜60克。加水煎汤，滤去药渣，将药汤倒入盆内。让患者坐于盆中，揉肚脐周围，并用生姜汤洗脐部及脐部周围。本方适用于阳虚寒凝引起的食积不化、腹胀痞满。

⊙黄连粉3克，生姜汁、麻油各适量。将黄连粉和生姜汁用麻油调匀，做成饼。先滴生姜汁1～2滴于脐中，再将药饼贴上，用艾炷灸10分钟。本方适用于消化不良、胃痛、便溏、泄泻等。

胃痛

⊙大黄30克，黄芩15克，郁金30克，栀子30克，香附30克，滑石60克，甘草15克，生姜汁适量。以上前7味共研为细末；取药末5克，加入生姜汁适量，调为糊状，敷于脐部，外用医用胶布固定，每日换药1次。本方适用于实热胃痛，症见胃脘灼痛、嘈杂泛酸伴心烦易怒、口干、口苦者。

⊙胡椒粉3克，公丁香3克，红枣(去核)5枚，生姜汁适量。胡椒粉和公丁香共研为细末，再加入红枣肉，共捣烂如泥状，再用生姜汁调和捣烂如厚膏状。取药膏3～5克，摊于消毒纱布中间，敷于脐部，再用胶布固定，每日换药1～2次，10天为1个疗程。本方适用于虚寒性胃痛。

胃炎

⊙葱白 20 克，生姜 30 克，艾叶 10 克。共捣烂成泥状，做成圆饼，敷于脐部，并用热水袋熨之，每次熨 1 小时。本方适用于急性胃炎，症见胃脘发凉、胀满疼痛、恶心呕吐等。

胃下垂

⊙黄芪、丹参、党参各 15 克，白术、枳壳、白芍、当归、生姜各 10 克，升麻、柴胡各 6 克，共研细末，装瓶。取药末 10 克填敷于脐孔，铺平呈圆形，直径约 2 ~ 3 厘米，再用医用胶布贴紧。每日艾灸 1 次，连灸 3 壮，隔 3 天换药 1 次。本方适用于脾气虚弱引起的胃下垂，症见面色少华、食欲不振、疲乏无力、腹胀下坠、舌淡、脉细等。

消化道溃疡

⊙炮姜、炒茴香各 30 克，肉桂、党参、白术、吴茱萸、炒白芍、白茯苓、高良姜、甘草各 15 克，木香 12 克，丁香 10 克，麻油适量。以上前 12 味共研粗末，再将麻油加热至沸，入药末炸枯，过滤去渣，再熬炼成膏，摊成膏药。用时将药膏温化，趁热贴敷于中脘穴和脾俞穴，3 天换药 1 次，双侧交替用药，亦可同时贴敷。本方适用于虚寒型消化道溃疡。

腹痛

⊙吴茱萸、生姜各 12 克，共捣烂，敷于脐部，然后用消毒纱布覆盖，再用医用胶布固定。每日换药 1 次，痛止为度。本方适用于寒证腹痛。

腹胀

⊙厚朴、枳实各等量，生姜汁适量。以上前 2 味共研为细末，再加入生姜汁，调为糊状，敷于脐部，外用医用胶布固定。每日换药 1 次，3 天为 1 个疗程。本方适用于肝胃不和、脾胃虚寒引起的腹胀。

⊙生姜 250 克。将生姜捣碎，挤出姜汁，将姜炒烫后装入布袋。热熨腹部，凉后取出兑入姜汁，炒烫后复熨之，每日 2 ~ 3 次。本方适用于寒性腹胀肠鸣。

打嗝

⊙丁香 10 克，鲜生姜汁、蜂蜜各等分。将丁香研为细末，过筛，用鲜生姜汁、蜂蜜调成膏。分别贴敷于中脘穴、阴都穴，外用消毒纱布覆盖，再用医用胶布固定，每日换药 1 次。本方适用于脾肾阳虚打嗝，症见嗝声低弱、面色苍白、手足不温、腰膝酸软、舌质淡、苔白润、脉沉细。

⊙丁香、附子、干姜、木香、羌活、小茴香各等量，盐 250 克，共研为细末，过筛装瓶。取药末 10~15 克撒于一块正方形胶布中央，敷贴于患者脐上，外铺薄布 1 块，再将盐 250 克炒烫，装入布袋，在薄布上反复热熨，每日 1 ~ 2 次。本方适用于脾胃阳虚引起的寒证打嗝，症见嗝声沉缓、遇寒加重、面色苍白、四肢欠温。

呕吐

⊙生姜、半夏各 100 克。将两药捣烂炒热，用布包裹，熨敷胃脘、脐中、脐下等处。本方适用于胃寒呕吐、喜暖恶寒、面色苍白者。

⊙附子 30 克，吴茱萸、生姜各 15 克。加水适量，煎煮至沸，取汁倒入盆内，待温浸洗双足 30 分钟。本方适用于胃寒呕吐。

泄泻

⊙干姜、白术各等份。共研细末，炒热熨胸背部，并敷于脐部。本方适用于寒凝脾虚型泄泻。

⊙炮姜 30 克，附子 15 克。共研细末，敷于脐部。本方适用于寒性泄泻，症见泄泻、畏寒肢冷、脉弱者。

便秘

⊙老姜 60 克，豆豉 15 克，带根须葱白 3 根。共杵为药饼，微火烧热，敷于脐部，用消毒纱布覆盖，外用医用胶布固定 12 小时，如便通则痛减。本方适用于寒性便秘伴有腹痛。

⊙冰片 1 克，盐 4 克，生姜汁适量。以上前 2 味混匀，共研细末，调入生姜汁适量。敷于支沟穴、天枢穴，可用艾卷隔药熏灸，一般于用药 6 ~ 24 小时气通排便。本方适用于实热便秘者，症见大便干结、脐腹胀痛、口干口臭、小便短赤、舌苔黄、脉滑数等。

黄疸

⊙茵陈 30 克，干姜、附子各 10 克。共研细末，取药末 10 ~ 15 克撒于普通膏药或暖脐膏上。贴敷于脐部，用消毒纱布覆盖，再用胶布固定。每日换药 1 次，直至病愈为止。本方适用于阴黄，症见身目俱黄、黄色晦暗、脘闷腹胀、口淡纳呆、大便稀溏、舌淡苔腻、脉濡缓。

脑卒中后肢体麻木

⊙生姜 60 克，醋 100 毫升。将生姜与醋共煎，擦洗患肢，每日 1 次。

阳痿

⊙生姜 100 克，艾叶 50 克。加水适量，煎取汤汁，擦洗腰部及小腹部，每日 2 次，每次 30 分钟。本方适用于脾肾阳虚引起的阳痿。

睾丸炎

⊙制附片 15 ~ 30 克，干姜、白芍、甘草各 30 克，大黄、桂枝、路路通、橘核、当归各 10 克。加水煎煮，去渣，熏洗患部，睾丸肿甚者可用丁字带托敷阴囊，疗程 3 ~ 5 天。必要时可将头煎药液内服。本方适用于急性睾丸炎。

⊙生大黄、红枣、鲜生姜（去皮）各 30 克。共捣烂成泥状，贴敷于阴囊，用消毒纱布包扎固定，每日换药 1 次。本方适用于急性睾丸炎。

眩晕

⊙吴茱萸 30 克，半夏 15 克，熟大黄 10 克，生姜 30 克，带根须葱白 2 根。共捣烂，放在铁锅内，加醋适量，炒热，分成两份，用纱布包裹，热熨脐部，冷则换之。每次 30 ~ 60 分钟，每日 2 ~ 3 次，连用 3 ~ 7 天为 1 个疗程，每剂药可用 3 天。本方适用于肝火上炎型眩晕。

⊙白芥子 30 克，川芎、郁金各 10 克，生姜汁适量。以上前 3 味共研细末，装瓶备用；临用时每次取药末 15 克，用生姜汁调制成厚膏状，敷于脐部，外用消毒纱布覆盖，再用医用胶布固定。每日换药 1 次，15 天为 1 个疗程，通常 5 ~ 7 天见效，应连续用药 1 ~ 2 个月，以防复发。本方适用于痰湿内蕴型眩晕。

失眠

⊙石菖蒲、郁金、枳实、沉香、朱砂、琥珀、炒枣仁各 6 克，生姜汁适量。以上前 6 味共研细末，混匀。每次取药末适量，填于脐中，然后滴加生姜汁适量，用消毒纱布覆盖，再用胶布固定，每日换药 1 次，连用 7 天为 1 个疗程。本方适用于心神不宁型失眠。

关节疼痛

⊙宣木瓜 25 克，干姜 60 克，辣椒 20 克。加水 2000 毫升，煎煮 30 ~ 40 分钟，取药液倒入盆中。用毛巾蘸药液反复擦洗患处，然后将毛巾蘸药液热敷患处，每日早、晚各用药 1 次，每剂药可用 2 天。本方适用于寒性风湿性关节疼痛者。

肩周炎

⊙桂枝、防风、麻黄、赤芍、艾叶、五加皮、威灵仙、木通各15克，葱、姜各适量。加水2000毫升，煮沸15分钟，离火，不必过滤。趁热熏患部，待温度降至40℃时用毛巾擦洗。每次熏洗15～20分钟，每日1～2次，每剂药可洗4～5次。本方适用于肩周炎，症见局部酸胀疼痛、功能障碍等。

晕车晕船

⊙生姜适量，伤湿止痛膏1张。将1片生姜敷于脐部，然后用伤湿止痛膏固定。适用于晕车晕船引起的恶心、呕吐、头痛之症。

小儿感冒

⊙葱白60克，老姜15克，麻油3克。以上前2味共捣如糊状，再将麻油调入，用消毒纱布包好。摩擦患儿双侧太阳穴、前胸、后背、手心、脚心、腋下、肘窝，以皮肤微红为度，涂擦一遍后让小儿避风静卧。本方适用于小儿风寒感冒。

⊙白丁香1.5克，麻油、生姜汁各适量。白丁香研细末，用麻油、生姜汁各半调和成糊状，外擦患儿食指、小指、掌面。每次擦10分钟，每日3次，至愈为止。本方适用于小儿风寒感冒。

⊙生姜10克，葱白、苍耳子各12克，紫苏叶15克。以上材料放入锅中，加入适量清水煎汤，趁热熏蒸口鼻。每次20~30分钟，1日数次，本方可发散风寒，用于改善风寒感冒引起的鼻塞、流涕等症状。

小儿发热

⊙取生姜 1 块，切厚片，沿着颈后大椎穴（第 7 颈椎棘突下）附近来回搓擦，至局部皮肤发红为止，姜汁用完可以换一片。此法对小儿发热有一定缓解作用。

小儿哮喘

⊙白芥子 3 克，胡椒 1 克，白附子 1 克，生姜汁适量。以上前 3 味共研细末，用生姜汁调和成糊状，贴敷肺俞穴，每晚睡前敷药，次日早晨洗去，如果局部反应严重，贴 1 ~ 2 小时取下，1 ~ 2 天贴 1 次，7 次为 1 个疗程。本方适用于小儿寒性哮喘缓解期。

⊙白芥子 30 克，延胡索 30 克，丁桂散 0.9 克，生姜汁适量。以上前 2 味共研细末，分成 3 份，每份用生姜汁调和制成 6 个药饼，于药饼中心点上丁桂散 0.3 克，贴敷于百劳穴、肺俞穴、膏肓穴等，每次贴 2 小时取下。本法宜在夏季伏天使用，初、中、末伏各贴 1 份，3 年为 1 个疗程。本方适用于小儿寒性哮喘缓解期或用于冬病夏治。

⊙白芥子 3 克，胡椒 2 克，生姜汁适量。以上 2 味共研细末，用生姜汁调成糊状，涂敷在两侧肺俞穴上，每穴涂敷范围为 2 厘米左右，盖上敷料，用医用胶布固定。每日 1 次。如感觉局部痒痛或起水疱则停止敷药。本方具有温肺散寒、化痰平喘的功效。适用于小儿寒性哮喘。

小儿麻痹恢复期

⊙干姜、桂枝、伸筋草、川芎、丹参、络石藤、鸡血藤各 6 克，白酒 100 毫升。以上前 8 味加水煎汤，去渣取汁，稍凉后加入白酒，浸浴患处，每日 1 次。

小儿痢疾

⊙生诃子、干姜、陈皮、黄连各 20 克。研细末，装入布袋，佩戴于小儿胸腹部的内衣和外衣之间。本方适用于小儿慢性久痢的辅助治疗。

小儿呕吐

⊙生姜 10 克，白酒 20 毫升，面粉 30 克，陈醋 30 毫升。将生姜捣烂后，调诸药为糊。外敷足心，每日 1 次。本方适用于腹部喜暖畏寒呕吐者。

⊙茴香粉 15 克，大葱 1 根，生姜 15 克。将大葱、生姜一同捣烂，再加入茴香粉，混匀，炒热，用消毒纱布包好。敷于脐部，每日 1 ~ 2 次，以愈为度。本方适用于小儿呕吐的辅助治疗。

小儿便秘

⊙大葱 10 克，生姜 6 克，豆豉 9 克，盐 9 克。共捣烂，做成药饼。将药饼烤热敷于脐部，然后用消毒纱布扎紧，约 1 ~ 2 小时见效。适用于小儿阳虚型便秘。

小儿遗尿

⊙炮附子 6 克，补骨脂 12 克，生姜 30 克。以上前 2 味共研细末，生姜捣烂为泥状，与药末调成膏状，敷于脐部，然后用消毒纱布覆盖，再用医用胶布固定，贴 8~12 小时。本方适用于小儿肾气虚弱型遗尿。

小儿丹毒

⊙干姜、蜂蜜各适量。将干姜研为细末，然后加入蜂蜜调匀，涂敷患处，每日 1 ~ 2 次。

小儿疝气

⊙肉桂、香附各 15 克，葱白、鲜生姜各 20 克。以上前 2 味研成粗粉；葱白根炒热，鲜生姜捣烂，4 药混匀，捣成泥膏。用温开水洗净脐部，酒精棉球消毒，将药膏敷于脐部，然后用纱布包扎。适用于肝经寒凝型小儿疝气。

⊙老姜 25 克，淡豆豉 30 克，白术 15 克，橘叶 20 克，茶叶 10 克，盐 15 克。加清水适量，煎煮至沸后倒入盆中。趁热先熏后洗患部 20 ~ 30 分钟，每日早、晚各 1 次。本方适用于小儿虚寒型疝气。

闭经

⊙鲜山楂 10 枚，赤芍 3 克，生姜 15 克。共捣成泥状，放在锅中炒热，敷于患者脐部，每次 30 分钟，每日 1 ~ 2 次，连用 3 ~ 5 次。本方适用于血瘀寒凝引起的闭经。

月经过多

⊙党参 10 克，白术 7 克，炙甘草 3 克，干姜 5 克。上药共研细末，于月经前 3 ~ 5 天将脐部消毒干净，取药末 0.2 克敷于脐内，然后用消毒纱布覆盖，外用医用胶布固定。每日换药 1 次，至经停时停用，下月行经前 3 ~ 5 天继用，连用 3 ~ 5 天为 1 个疗程。本方适用于脾肾阳虚引起的月经不调、月经量过多。

月经不调

⊙乳香、没药、白芍、川牛膝、丹参、山楂、广木香、红花各 15 克，冰片 3 克，生姜汁适量。以上前 9 味共研细末，用生姜汁调成糊状，敷于神阙穴和子宫穴，然后用消毒纱布覆盖，再用胶布固定，2 天换药 1 次。本方适用于月经不调伴腹痛者。

妊娠呕吐

⊙丁香 15 克，半夏 20 克，鲜生姜 30 克。以上前 2 味药物烘干，研为细末，过筛备用；再用鲜生姜榨汁调药末为膏，敷于脐部，以消毒纱布覆盖，外用医用胶布固定，每日换药 1 次。本方适用于脾胃虚寒引起的妊娠呕吐。

⊙生姜 6 克。将生姜烘干，研为细末，过筛。用水调为膏状，敷于患者内关穴、神阙穴，以消毒纱布覆盖，外用医用胶布固定。本方适用于脾胃虚寒引起的妊娠呕吐。

产后胎衣不下

⊙黑豆 60 克，熟地黄、赤芍、当归、甘草、炮姜、肉桂、附子各 30 克，加水煎煮，去渣，熏洗外阴，适用于产后胎衣不下。

不孕症

⊙熟附片 15 克，川椒 15 克，盐 30 克，生姜片 5 片。将熟附片、川椒分别研细末。将盐填敷于脐部，取黄豆大小的艾炷置于食盐上灸，连续灸 7 壮；然后去除食盐填敷川椒和附子末，并将生姜片覆盖其上，再用艾炷连续灸 14 壮。每日 1 次，连续 7 天为 1 个疗程。适用于妇女下元虚冷、月经不调、子宫虚寒引起的不孕症，症见婚久不孕、月经后期、量少色淡或经闭、面色晦暗、腰腿酸软、性欲淡漠、小便清长、大便不实、舌苔淡白、脉沉迟而弱等。

痈肿

⊙干姜 30 克，醋适量。将干姜炒紫，研为细末，再用醋调成糊状，敷于患部四周，留头自愈。本方适用于痈肿早期。

丹毒

⊙绿豆 15 克，生姜 30 克。将绿豆用清水浸泡 1 天，再与生姜一同捣烂后涂敷患处，每日 1 次。本方适用于丹毒早期。

疝气

⊙淡豆豉 30 克，茶叶 10 克，橘叶 20 克，老姜 25 克，白术、盐各 15 克。将以上材料放入锅中，加适量水，煎沸后将药液倒入盆内，趁热熏洗患处 20 ~ 30 分钟，每日早晚各 1 次。适用于疝气的辅助治疗。

骨质增生

⊙葱 6 克，姜汁 12 克，石菖蒲、艾叶、透骨草各 60 克，白酒、鸡蛋清各适量。以上前 5 味捣汁，与鸡蛋清、白酒调匀，敷于患处，然后温灸。本方适用于骨质增生疼痛者。

外伤

⊙鲜仙人掌、鲜生姜各适量。将仙人掌刮去刺皮，与鲜生姜按 2∶1 的比例捣成泥状，外敷患处，每日换药 1 次。适用于外伤疼痛。

⊙大黄 30 克，五倍子 20 克，生栀子 30 克，白及 15 克，橘子叶 30 克，芙蓉花叶 30 克，生姜汁适量。以上前 6 味共研细末，用生姜汁调成糊状，敷于患处，外用消毒纱布覆盖，再用医用胶布固定，每日用药 1 次。本方适用于外伤疼痛。

冻疮

⊙鲜生姜 1 块。将鲜生姜切开，放在炉边煨热。涂擦患处，每日 3 次。适用于各种冻疮早期。

⊙生姜 30 克，白酒 50 毫升。将生姜捣烂，与白酒搅匀，涂敷于患处，每日 3 次。适用于各类型冻疮早期。

⊙白萝卜 30 克，辣椒、生姜各 15 克，加水 2000 毫升煎煮 30 分钟，去渣取汁，趁热熏洗患处，每日 1 次。适用于各种冻疮早期。

脉管炎

⊙当归、威灵仙、生姜各 10 克，桂枝 6 克，红花 4.5 克。以上诸药加水煎煮，去渣，温洗患肢。适用于寒凝血瘀型脉管炎。

⊙苏木、红花、千年健、樟脑、鸡血藤、肉桂、细辛、透骨草、干姜、乳香、没药各等份，加清水适量，煎煮数沸，倒入盆中。趁热先熏后洗患处，每次约 30 分钟，每日 2 ~ 3 次。适用于寒凝血瘀型脉管炎。

脂溢性皮炎

⊙生姜 250 克，盐适量。将生姜洗净，捣烂取汁。用浓盐水洗净患处，拭干，再用棉签蘸生姜汁擦患处，用完为止，每周 1 次。本方适用于脂溢性皮炎。

传染性软疣

⊙红花、干姜、生半夏各 30 克，骨碎补 40 克，吴茱萸 15 克，樟脑 10 克，75%酒精 1000 毫升。将诸药置于酒精内浸泡 1 周，滤渣取液，涂擦疣体，每日 1 次。涂擦后疣体会逐渐发红消退，较大者如未脱落，可用摄子拔除。

体癣

⊙花椒 32 克，硫黄 32 克，生姜适量。将花椒焙干，再与硫黄共研细末，过 120 目筛，装瓶。用温开水洗净患处，然后取生姜一块，斜向切断，以断面蘸药末涂搽患处，每次搽 3 ~ 5 分钟，每日早晚各用药 1 次。适用于各类体癣。

⊙蚌壳、五倍子各 60 克，冰片少许，植物油适量。前 3 味共研细末，用植物油调成糊状，涂敷于患处，每日数次。适用于各类体癣。

手足癣、甲癣

⊙生姜 250 克，高度白酒 500 毫升。将生姜捣碎，置于容器中，加入白酒，密封，浸泡 2 天后即成。每日早晚涂擦患部数遍，或每日早晚将患部泡入药酒中 1 ～ 2 分钟。适用于各种手足癣、甲癣。

汗斑

⊙鲜生姜 20 克，醋 100 毫升。将鲜生姜洗净，捣烂，放入醋中浸泡 12 小时。洗净患处，搽生姜醋汁，每日 1 次，连用 3 次为 1 个疗程。

⊙海螵蛸、密陀僧各 30 克，川椒 15 克，生姜适量。将前 3 味分别研为细末，混匀。将生姜切片，蘸药末涂擦患处，每日早、晚各 1 次。

鼻炎

⊙荆芥、防风、羌活、独活各 10 克，川芎、辛夷、生姜各 6 克。加水煎沸，熏蒸鼻部，每日 2 次，每次 30 分钟，3 天为 1 个疗程。本方适用于风寒型鼻炎。

口疮

⊙黄连、儿茶、青黛、干姜各 10 克。共研极细末，用棉签蘸药末涂敷患处，每日 3 次。本方适用于复发性口疮的辅助治疗。

⊙黄连、鸡内金各 3 克，炮姜 1.5 克，青黛、儿茶各 2.5 克。共研细末，敷于脐部，然后用消毒纱布覆盖，再用医用胶布固定。本方适用于心脾蕴热，口疮反复发作。

哪些人不宜吃姜

⊙阴虚体质者。阴虚体质就是体内阴液不足，表现为手脚心发热，手心有汗爱喝水，经常口干、眼干、鼻干、皮肤干燥，心烦易怒、睡眠不好，而姜性辛温，阴虚的人吃姜会加重阴虚的症状。

⊙内热较重者。如患有肺热咳嗽、胃热呕吐、口臭、痔疮出血、痈疮溃烂等疾病的人不宜食用生姜。如果是热性病证，食用生姜时一定要配伍寒凉性药物中和生姜的热性。

⊙肝炎患者。一般情况下，肝炎病人是忌吃姜的，因为常吃姜会引起肝火旺。想要吃姜，可以同时选择一些可舒肝、理气的食物，比如用山楂、菊花泡茶喝，这样就可以消除生姜引起的燥热。

⊙脱发者。生姜性温，味辛，能够局部的血液循环，刺激毛囊，促使毛发再生。但要注意很多类型的脱发属热性，久食生姜易生热，不利于热性疾病的恢复，所以尽量少用。

美食不离姜

瓜姜银芽

【原料】酱乳瓜、酱嫩姜各25克，绿豆芽500克，青甜椒、红甜椒、植物油、盐、黄酒、香油、味精各适量。

【做法】将绿豆芽摘去根须，洗净；酱嫩姜、酱乳瓜切成细丝；青甜椒、红甜椒去蒂、籽，洗净，切丝备用。炒锅上大火，放植物油烧至八成热，投入青甜椒、红椒丝及乳瓜丝、生姜丝、绿豆芽及盐煸炒（不宜炒得太久），加入味精、黄酒，淋上香油，起锅装盘即成。

【食疗功效】

清热开胃，消食化瘀。适用于暑热、厌食、胃肠神经官能症等。

鲫鱼生姜大枣粥

【原料】鲫鱼1尾（重约300克），大米100克，大枣10枚，葱白、生姜、黄酒、盐、味精、香油各适量。

【制作】将鲫鱼用清水洗一遍，去鳞、鳃、内脏，再用清水洗净，切成小块；生姜去外皮，切成末；葱白去老黄叶，切成小段；大米淘洗干净；大枣去核，用清水洗净。鲫鱼放入锅中，加入清水、黄酒、葱白段、生姜末、盐各适量，煮至鱼肉熟烂。用汤筛过滤刚煮好的鱼汤，去刺留汁，把鱼汤及鱼肉倒入煮锅内，加入大米、大枣、生姜末，再加清水适量，置于大火上煮沸，改用小火继续煮至大米开花时，调入香油和味精即成。

【食疗功效】

健脾益胃。适用于脾胃虚弱、骨质疏松等。

姜爆鸡

【原料】鸡肉500克，生姜片150克，植物油200毫升，盐2克，酱油25毫升，豆瓣10克，花椒1克，葱段25克，水淀粉10克。

【做法】将鸡肉剔去大骨，切成条。炒锅上火，放植物油烧至五成热，将豆瓣下锅炸香后去渣，再将花椒和葱段下锅略煸炒后捞去不要。然后将鸡肉条下锅烧干水汽，再放入生姜片、盐、酱油爆炒至熟，加入水淀粉，收成红色亮油汁即成。

【食疗功效】

色泽金黄，味浓鲜香，能补气养血。

姜附烧狗肉

【原料】 熟附子片 10 克，狗肉 500 克，生姜 75 克，大蒜适量。

【做法】 将狗肉洗净，切成小块，加生姜煨熟。熟附子片放入砂锅，加适量水，煮 2 小时，然后将狗肉、大蒜、生姜放入，继续炖煮，直到狗肉熟烂为止。

【食疗功效】

温肾散寒、壮阳益精。适用于肾虚腰痛、阳痿、夜尿多、畏寒、四肢冰冷等病证，对慢性肾炎、慢性支气管炎也有一定辅助疗效。

姜片炒鳝片

【原料】 新鲜鳝鱼片 300 克，生姜块 30 克，盐、味精、黄酒、酱油、胡椒粉、白糖、蒜片、香油各适量，植物油 500 毫升（实耗约 75 毫升），水淀粉、葱花、生姜末各适量。

【做法】 将鳝鱼片清洗干净，改刀成菱形片，加盐、黄酒、水淀粉拌匀上浆；生姜洗净，切成片。将原料中的调料放入碗中，调成芡汁。炒锅上火，放植物油烧至五成热，下鳝鱼片滑熟，倒出沥油。锅留底油，下入葱花、生姜末、蒜片炒香，倒入鳝鱼片，加入芡汁颠翻炒匀，出锅时淋上香油即成。

【食疗功效】

温脾暖胃，祛风散寒，发汗解表，强筋壮骨。适用于气血亏虚，病后或产后瘦弱，肾虚腰痛、四肢无力，子宫脱垂，风湿痹痛等。

姜橘椒鱼羹

【原料】 鲫鱼 250 克，生姜 30 克，橘皮 10 克，胡椒 3 克，盐少许。

【做法】 将鲫鱼去鳞、鳃内脏，洗净、生姜片、橘皮、胡椒用纱布袋包好填入鲫鱼肚内。锅中加水适量，大火烧开后用小火煨熟，加盐适量调味即成。

【食疗功效】

空腹喝汤吃鱼。这道羹有温中散寒，健脾利湿作用。适合大便清稀、食少或恶寒发热、恶心呕吐者吃。

姜丝菠菜

【原料】 菠菜 250 克，鲜姜 25 克，盐 2 克，酱油 5 毫升，味精、醋各适量，香油 5 毫升，花椒油 2 毫升。

【做法】 菠菜择去黄叶，洗净，切成 6 ~ 7 厘米的长段；鲜姜去皮，切成细丝。锅内加清水，置火上煮沸，放入菠菜段略焯，捞出控净水，轻轻挤一下，装在盘内抖散晾凉。把鲜姜丝及调料一起加入凉菠菜中，拌匀入味即可。

【食疗功效】

养血、润肠、通便。适合血虚型习惯性便秘者。

姜丝肉

【原料】 猪肉 150 克，嫩姜 50 克，鲜青红辣椒 50 克，盐、味精、黄酒、酱油、白糖、蛋清、干淀粉、水淀粉、植物油、鲜汤各适量。

【做法】 将猪肉洗净，切细丝，放碗内，加盐、黄酒、干淀粉、鸡蛋清，抓匀上浆；嫩姜去皮，洗净，切丝；辣椒去蒂、子，洗净，切丝。锅置火上，放入植物油，烧至五成热，放入肉丝，滑至熟，倒入漏勺中沥油。锅内留底油，烧热，放入姜丝、辣椒丝，煸炒几下，倒入肉丝，加入黄酒、酱油、盐、白糖、鲜汤，烧至入味，用水淀粉勾芡，放入味精，出锅即成。

【食疗功效】

温中开胃、滋阴化痰。适用于胃脘冷痛、恶心呕吐、风寒感冒者。

姜汁芹菜

【原料】 芹菜 300 克，生姜丝 20 克，胡椒粉 10 克，盐 2 克，味精 4 克，醋 10 克，鲜汤 100 克，植物油 30 毫升，香油 5 毫升。

【做法】 将芹菜去叶洗净切成段，放入开水锅中略烫后迅速投入冷水中投凉，控干水分放入容器内。锅上火，加入适量植物油，烧至六成热，投生姜丝炒出香味，放入鲜汤、胡椒粉、盐、味精、醋，调成生姜味汁，倒入盛芹菜的容器内泡 1 小时，装盘，淋香油即成。

【食疗功效】

破瘀散结，消肿解毒。适用于尿血、头痛、高血压、糖尿病、失眠、女性白带异常、产后出血者。

嫩姜炒鸡脯

【原料】 鸡脯肉 185 克，鸡蛋清 1 个，嫩生姜125克，黄酒5毫升，盐2克，味精1克，干淀粉1.5克，鲜汤50毫升，水淀粉10克，香油10毫升，植物油适量。

【做法】将鸡脯肉洗净，用净布吸去水，顺纹片成长4～5厘米、宽1厘米的柳叶形薄片，放入碗中，加鸡蛋清、干淀粉拌匀，浇入香油拌匀；嫩生姜切成长约6厘米、宽约0.8厘米的薄片，放入沸水中烫约1分钟，以去其辣味，捞出。炒锅上旺火，放植物油烧热，放入鸡片，用锅铲轻轻拨散至鸡脯肉呈白色时，倒入漏勺中。炒锅仍置旺火上，加入植物油，放入生姜片炒几下，再加入鲜汤烧开，加盐、味精、黄酒烧开，用水淀粉调稀勾芡，倒入鸡片，浇入香油，翻炒几下，起锅盛入盘中即成。

【食疗功效】

温胃散寒，补气健脾。适用于糖尿病、水肿、贫血、崩漏、带下、产后缺乳等。

姜丝鳝鱼

【原料】大鳝鱼500克，芽生姜150克，鸡蛋清1个，黄酒、盐、味精、酱油、淀粉、香油各适量。

【做法】将鳝鱼宰杀，去头、内脏、骨、皮，洗净切丝，放入碗内，加入盐、味精、黄酒、淀粉、鸡蛋清上浆；芽生姜洗净去外皮，切细丝，放入漏勺内，入沸水锅焯一会儿，倒入盘中。锅中放适量清水烧开，下鳝鱼丝，用筷子轻轻拨动，烧开后捞出沥水，倒入生姜盘，浇上酱油、香油，吃时拌匀即成。

【食疗功效】

补中益血、健胃止呕。适用于体虚羸瘦、风寒湿痹、足膝酸软、胃溃疡、食欲不振等。

生姜汁肘子

【原料】猪前肘肉 400 克，葱段 5 克，盐、醋、黄酒、生姜汁、味精各适量，生姜 10 克，花椒 5 粒，香油 10 毫升。

【做法】将猪肘刮洗干净，顺骨缝划刀，放入汤锅内煮熟，捞出，剔去肘骨。在猪肘瘦肉一面，刺成肉断皮不断的小方块，放在碗内(皮贴碗底)，再加入花椒、黄酒、葱、生姜(拍松)、盐和适量煮猪肘原汤，入笼蒸 2 小时取出。滗去汤汁，捡出生姜、葱和花椒，翻扣在盘内。取碗 1 只，放入盐、味精、醋、香油和生姜汁调匀，淋在猪肘上即成。

【食疗功效】

温胃补肾，润泽肌肤。适用于产后缺乳、腰腿酸软、痈疽、疮毒等。

白萝卜生姜汁

【原料】白萝卜 200 克，生姜 15 克，白糖适量。

【做法】将白萝卜去皮，切块；生姜切小丁。将白萝卜块和姜丁一起放入容器，加入白糖，用料理机搅碎，过滤掉残渣，只取汁液，兑入开水冲服

【食疗功效】

消积化痰、宽中。适用于饮食积滞所致胸腹部胀满、呕吐等。

美好生活巧用姜

生姜的选购

⊙生姜分嫩姜和老姜两类。嫩姜一般指新鲜带有嫩芽的姜，姜块柔嫩，水分多、纤维少，颜色偏白、表皮光滑，辛辣味淡薄。老姜外表呈土黄色，表皮比嫩姜粗糙，且有纹路，味道辛辣。

挑好姜，需要注意两点。首先，不能挑外表太过干净的，表面平整就可以了。其次，用手捏，要买肉质坚挺、不酥软、姜芽鲜嫩的。嫩姜辣味淡，口感脆嫩，一般可用来炒菜、腌制成糖姜等食品。如生姜炒牛肉丝，牛肉鲜嫩爽滑，嫩姜淡淡的辛辣味也恰到好处。老姜味道辛辣，一般用作调味品，熬汤、炖肉时用老姜再合适不过。

⊙购买生姜时，要看清是否经过硫黄“美容”。工业用的硫黄含有铅、硫、砷等有害物质，在熏制过程中附着在生姜中，食用后会对人体呼吸道产生危害，严重的甚至会直接侵害肝脏、肾脏。生姜一旦被硫黄熏烤过其外表微黄，显得非常白嫩，看上去很好看，应注意鉴别，不要购买。

生姜的贮存

⊙洗净、晾干，埋入盐罐。

⊙将鲜姜放在盆、罐或广口瓶中，上面覆盖3厘米厚的潮湿细砂，然后加盖，可保鲜1～2个月。

⊙将鲜姜洗净，晾干，再切片，装进预先准备好的洁净、干燥的罐头瓶中，然后倒入白酒，量以刚淹没鲜姜片为度，最后加盖密封，随吃随取，可长期保鲜。

⊙将鲜姜洗净，放在小塑料袋内，撒一些盐，不要封口，随用随取，可保存10天左右。

⊙用盐水浸泡生姜1小时，然后拿出来晒干，放入冰箱冷藏室内，可以放较长时间并保持鲜嫩。

⊙把鲜姜放在一个罐子里，再用黄泥埋住，每天浇一点点水，能保存1个月左右。

⊙有菜窖的人家，在菜窖一角用砖堆围上一堆黄沙，最好是干燥黄沙，将鲜姜埋在里面，可以久藏不坏、不干，随取随吃。没有菜窖的居民，可以把少量的黄沙放进坛子里，后把鲜姜埋进去，也能取得同样的效果。或者找个有盖子的广口瓶，在瓶底铺垫一块着水的药棉（湿了即可，水太多姜易烂），然后把生姜放在药棉上，盖上瓶盖即可，随用随取，非常方便。

厨房巧用生姜

⊙炖鸡、鸭、猪肉、羊肉等时，放入姜块、姜片，肉味醇香。

⊙将姜剁成姜末，与糖、醋兑汁烹调汁或凉拌汁，如糖醋熘鱼、凉拌菜，可产生特殊的酸甜味。

⊙用姜末、酱油、醋、香油调汁蘸吃，如清蒸螃蟹。

⊙生姜因为其味清辣，只将食物的异味挥散，而不将食品混成辣味，宜作荤菜的矫味品，亦用于糕饼、糖果制作，如姜饼、姜糖等。

⊙姜的形状弯曲不平，体积又小，消姜皮十分麻烦，可用啤酒瓶盖周围的齿来削姜皮，既快又方便。

⊙冷冻的肉类、禽类及海味河鲜加热前先用姜汁浸渍，有“返鲜”的作用，能恢复肉类特有的新鲜滋味。

⊙将洗净的鲜姜切成小块，在钵内捣碎，再将姜末放入纱布袋内挤出姜汁（姜渣可留作调料），然后把姜汁拌入切成片或条的牛肉中，每 500 克牛肉 1 匙姜汁即可，拌匀，常温放置 1 小时即可烹调。这样烹出的牛肉鲜嫩可口，且无生姜的辛辣味。

⊙人们都知道，烹鱼时若是放上一些生姜，就可以去腥增鲜，但一般人在烹鱼时都习惯将生姜和鱼一同下锅。其实，这是很不科学的。因为，若是过早地放生姜，就会影响到生姜辛辣味的发挥。所以，做鱼时，最好先把鱼稍煮一会儿，等到鱼肉的蛋白质凝固了，再添加生姜，这样就可以彻底除掉鱼的腥味了。

居家巧用生姜

⊙改善食欲。吃饭不香或食欲差时吃上几片姜或者在菜果放上一点嫩姜，能改善食欲，增加饭量，俗话说："饭不香，吃生姜"。

⊙防治晕车。乘车前喝些生姜汁水，或切一片生姜贴在手腕内侧，用纱布包好。在乘车途中含几片生姜，也有助于抑制晕车呕吐。

⊙防治脱发、白发。用生姜浓缩萃取液或者直接用生姜涂抹头发，其中的姜辣素、姜烯油等成分可以使头部皮肤血液循环加速，促进头皮新陈代谢，刺激新发生长，有效地防止脱发、白发，并可抑制头皮瘙痒，提高发质。用生姜直接涂抹头部斑秃患处，连续几天，秃发处可生出新发。

⊙姜水泡脚。用生姜或干姜煮水泡脚，可使全身气血通畅，温暖舒适。

炒菜做汤时加入蒜能增加菜和汤的香味。在烹调羊肉、狗肉、鱼虾等带有腥膻气味的菜肴时，只要加少许蒜，就会使这些食物的味道变得更加鲜美。

远在古罗马时代，人们相信吃蒜可使身体变得强壮。中医理论认为，蒜性温味辛，具有杀虫除湿、利水消食、化肉消谷、解毒、破恶血、攻冷积等功效。

蒜的故事多

历史悠久的蒜文化

蒜的溯源

蒜，又叫蒜头、大蒜、大蒜头、胡蒜、独蒜、独头蒜等，是蒜类植物的统称。蒜为一年生草本植物，百合科葱属，以鳞茎入药。每年6月叶枯时采挖，除去泥沙，通风晾干或低温烘烤至外皮干燥。

大蒜原产于西亚，据汉代王逸所著的《正部》记载："张骞使还，始得大蒜、苜蓿。"也就是说，大蒜是张骞出使西域时带回来的。大蒜传入中国后，很快便成了人们日常生活中的美蔬和佳料，作为蔬菜，与葱、韭菜并重，作为调料与盐、豉齐名，食用方式也多种多样。西晋时，老百姓已常食大蒜。晋惠帝逃难时，就曾从民间取大蒜佐饭。《太平御览》中记载："成都王颖奉惠帝还洛阳，道中于客舍作食，宫人持斗余大米饭以供至尊，大蒜、盐、豉到，获嘉；市粗米饭，瓦盂盛之。天子啖两盂，燥蒜数枚，盐豉而已。"

南北朝时，食蒜之例趋于多见。《南齐书·张融传》中记载："豫章王大会宾僚，融食炙始毕，行炙人便去，融欲求盐、蒜，口终不言，方摇食指，半日乃息。”《齐民要术》记载了一种“八和齑”的制作方法，其中重要的一味就是大蒜。其云：“蒜：净剥，掐去强根，不去则苦。尝经渡水者，蒜味甜美，剥即用；未尝渡水者，宜以鱼眼汤半许半生用。朝歌大蒜，辛辣异常，宜分破去心，全心用之，不然辣，则失其食味也。”制作时，“先捣白梅、姜、橘皮为末，贮出之。次捣粟、饭使熟，以渐下生蒜，蒜顿难熟，故宜以渐。生蒜难捣，故须先下。”可以看出蒜是“八和齑”的主味之一，为首选佳佐。

到了唐代，蒜的应用范围更加广泛。《广五行记》载：“唐咸亨四年，洛州司户唐望之冬集计至五品，进止未出间，有僧来觅……曰：‘贫道出家人，得饮食亦少，以公名故相记，能设一鲙否？’司户欣然。既处置此鱼，此僧云：‘看有蒜否？’家人云：‘蒜尽，得买。’僧云：‘蒜即尽，不可更往。’苦留不可。”这僧人本自讨鱼吃，却因为无蒜佐料，就不肯吃鱼。由此可见当时蒜在人们心目中的地位。

宋代蒜的烹制方法更多。浦江吴氏《中馈录·制蔬》就介绍了蒜瓜、蒜苗干、做蒜苗方、蒜冬瓜四种食蒜法。“蒜瓜”条云：“秋间小黄瓜一斤，石灰、白矾汤焯过，控干。盐半两，腌一宿。又盐半两，剥大蒜瓣三两，捣为泥，与瓜拌匀，倾入腌下水中，熬好酒、醋，浸着，凉处顿放。”“蒜苗干”条云：“蒜苗切寸段，一斤，盐一两。腌出臭水，略晾干，拌酱、糖少许，蒸熟，晒干，收藏。”在宋代，人们吃蒜，或生食，或用于烹调。大蒜在食用方面的各种用途，基本已被宋人掌握。

到了元明时期，烹蒜的方法比宋人更成熟，巧思出新，锦上添花。如明人高濂《饮馔服食笺》记载了“蒜梅”的做法：“青硬梅子二斤，大蒜一斤，或囊剥净，炒盐三两，酌量水煎汤，停冷浸之。候五十日后卤水将变色，倾出再煎，其水停冷浸之，入瓶。至七月后食。梅无酸味，蒜无荤气也。”

清代食蒜与现代几无差别，其烹制方式可分为南北两大派系。山东人丁宜曾的《农圃便览》所记载的烹蒜法具有典型北方特色。如“水晶蒜”：“拔苔后七八日刨蒜，去总皮，每斤用盐七钱拌匀，时常颠弄。腌四日，装瓷罐内，按实令满。竹衣封口，上插数孔，倒控出臭水。四五日取起，泥封，数日可用。

用时随开随闭，勿冒风。”无名氏《调鼎集》记载了江浙一带的烹蒜方法。如“腌蒜头”条云：“新出蒜头，乘未甚干者，去干及根，用清水泡两三日，尝辛辣之味去有七八就好。如未，即将换清水再泡，洗净再泡，用盐加醋腌之。若用咸，每蒜一斤，用盐二两，醋三两，先腌二三日，添水至满封贮，可久存不坏。设需半咸半甜，一水中捞起时，先用薄盐腌一二日，后用糖醋煎滚，候冷灌之。若太淡加盐，不甜加糖可也。”从中可以看出，南方人烹蒜手法细腻，加工讲究。但总的来说，南方人喜欢吃蒜的程度比不过北方人，这大概是北方大蒜种植面积和产量都远超过南方的原因。

蒜的栽培

蒜的栽培历史悠久，据载已有2000多年的历史，由西汉张骞出使西域时带回内地，因比内地小蒜个大，故也称大蒜。

大蒜呈扁球形或短圆锥形，外面有灰白色或淡棕色膜质鳞皮，剥去鳞叶，内有6～10个蒜瓣，轮生于花茎的周围，茎基部呈盘状，生有须根，地下鳞茎分瓣。每一个蒜瓣外包薄膜，剥去薄膜，即见白色、肥厚多汁的鳞片。有浓烈的蒜臭，味辛辣，可食用或供调味，亦可入药。

种植大蒜要选大瓣、无病虫害的品种。江南广大地区多作秋播，幼苗在露地条件下越冬，直至收获。华北地区以往多作春播，但随着栽培技术的改进，近十几年已大量发展为秋播。幼苗加稻草、麦秸等覆盖后越冬，开春后分次清除稻草等覆盖物。这种栽培方法能促进蒜头、蒜薹增产，提高单位面积经济效益。东北各省及西北部分地区，气候寒冷，幼苗不能在露地简单覆盖越冬，须实行春播。另外，如将蒜在不见日光条件下培植，利用蒜瓣本身的营养生产蒜黄（即黄色蒜苗），则另有风味，特别是在春节前后上市，很受欢迎。

我国大蒜的主要产地有：山东省济宁市金乡县、济宁兖州的漕河镇、临沂市兰陵县、莱芜市、商河县、东营市的广饶县、茌平县、成武县、潍坊市的安丘，广西壮族自治区玉林市仁东镇，江苏省邳州市、丰县、射阳县、太仓市，河北永年县、大名县北部，河南省的沈丘县、中牟县，上海嘉定，安徽亳州市、来安县，四川温江区、彭州市，云南大理，陕西兴平市等地。

蒜的品种

大蒜的品种很多，我国南方及北方普遍栽培，大蒜按照鳞茎外皮的色泽可分为紫皮蒜与白皮蒜两类。紫皮蒜的蒜瓣少而大，辛辣味浓，产量高，多分布在华北、西北与东北等地，耐寒力弱，多在春季播种，成熟期晚；白皮蒜的蒜瓣外皮呈白色，辣味淡，耐寒，耐贮藏，白皮蒜有大白皮和狗牙蒜两种，前者蒜头大，瓣均匀，后者蒜瓣细碎（20 ~ 30 瓣），食用时剥皮费工。依蒜瓣多少，蒜也可分为大瓣种和小瓣种。还可按叶形分为宽叶蒜、狭叶蒜和硬叶蒜。

大蒜的常见栽培品种如下。

（1）北京紫皮蒜：北京地方品种。植株直立，成株 7 ~ 8 片叶，叶片披针形，绿色，表面有蜡粉。蒜头纵径约 4 厘米，横径 4.5 厘米，单株鲜重可达 50 克，有 4 ~ 6 个蒜瓣，外皮紫红色，辛辣味浓，品质好。耐寒性强，抗病性较好，耐贮藏。该品种适于春种，也可作越冬保护栽培和软化栽培生产蒜黄。

（2）蒲棵紫皮蒜：山东地方品种。特性与北京紫皮蒜相近，但植株更高大，秋种越冬栽培，蒜头、蒜薹产量高。因而华北地区近年来多采用蒲棵紫皮蒜进行秋播越冬栽培。

（3）河北白皮蒜：由于蒜瓣小，且抗寒能力较差，只能作为春种，种植面积逐渐缩小。是腌制加工，特别是腌制糖蒜的优先选用品种。北方居民多数会自行腌制，可长时间食用。

其他主要栽培品种还有吉林白马芽、山东金乡白蒜、江苏太仓白蒜、陕西蔡家坡紫皮蒜、黑龙江阿城大蒜、四川二水早、云南红 / 白七星、天津宝坻六瓣红等。

历史典故

在人类历史上，不论在哪个时代，大蒜都能荣登健康食品的最高宝座，原因并不只限于它是热量来源的植物，更由于它具有非凡的药效。古人曾把大蒜放在肉里面，以防变臭，或在食物里加进大蒜，使其鲜美。因此大蒜与游牧民族、饮食偏肉食的民族有着密切的关系。

5000年前，埃及人曾经把大蒜视为神祇，大概是因为大蒜能治病的缘故。古代埃及国王要建造金字塔时，为了使奴隶能久耐繁重的劳动，就让奴隶吃大蒜，或者干脆以大蒜折合工资。古希腊的希波克拉底曾在他的著作里说过，凡蛀牙有洞的地方，用磨碎的大蒜泥塞进去，疼痛就能消失；被猛兽咬伤，大蒜也具有奇效；寄生虫或胸部的病痛，使用大蒜也有效。

在古罗马时代，大蒜是兵士、海员和农民的普通食物，他们相信吃大蒜会使自己变得身强体壮，果敢无比。凯撒大帝远征欧非大陆时，命令士兵每天吃1头大蒜以增强气力，抵抗疾病。当时正值酷暑，瘟疫流行，敌方士兵患病者成千上万，而凯撒士兵无一染上腹泻等疾病。仅用了短短的几年时间，便征服了整个欧洲，建立了当时最强大的古罗马帝国。

多年前，在英国曾发生过一场罕见的瘟疫，死亡者数以万计，但有一家幸免于难，引起了人们的注意。经研究发现，这家人住屋附近的窖里贮满了蒜，是蒜保护了这家人。

在第一次世界大战中，大不列颠帝国的军需部门曾购买十吨大蒜榨汁，作为消毒药水涂于纱布或绷带上，用来敷裹伤患，挽救了数十万伤兵的生命。

在第二次世界大战期间，大蒜同样为救治伤病员的生命建立了不可磨灭的功勋。当时由于药品的严重缺乏，许多国家的军医都使用大蒜来为士兵处理伤口，预防感染效果与抗生素相似。

在我国抗日战争的艰苦岁月中，我军的军医也曾用大蒜防治了感冒、疟疾及急性胃肠炎等疾病，增强了战士们的体质。

蒜的美丽传说

说起大蒜的由来，还有一个神奇的故事。传说，很久很久以前，在河南登封有一座竹林寺，寺中有个小和尚，名叫龙酋，后来静心修炼而升天，玉皇大帝命他看管御花园。有一天，龙酋到瑶池去玩，看到金花仙姑在采蒜果，龙酋看到此花金光灿灿、香味迷人，他就请求仙姑给他几瓣，拿回去种在御花园里。仙姑不允，龙酋就偷拿几瓣而去。当他刚出瑶池，突然听到仙姑的哭声。回头一看，原来是王母来查花，发现蒜果上缺了几瓣，拿起拐杖就痛打仙姑。龙酋见此种情景，马上回去跪下，承认是自己偷拿了蒜果。王母见了龙酋更是气上加气，又打龙酋，在混乱之中，不知谁踢翻了蒜果篮子，蒜果一下子全部落入一座寺庙内，蒜果被摔碎入土。王母一看，蒜果不见了，更加火冒三丈，就下令将龙酋和金花仙姑赶出南天门，落入凡俗。从此，他俩都变成了清泉。而蒜果在土中成长起来，被人们发现后，就用寺庙旁清泉的水浇灌。从此，大蒜就在人间传播开了。

老话说蒜

“吃肉不加蒜，营养减一半”

用餐时“无肉不欢”的人不在少数，每日都要吃肉的更是数不胜数。各种瘦肉所含的营养成分十分接近，都含蛋白质、脂肪，矿物质等。各种肉类所提供的热量，因脂肪的多少不同而有差别。一般来说，猪肉、羊肉、牛肉含饱和脂肪较高，禽肉、鱼肉和兔肉中含不饱和脂肪酸较高。肉类含矿物质特别丰富，尤其以含铁、磷、钠、钾等较多，只是含钙较少。瘦肉也是维生素 B_1、维生素 B_2、维生素 B_{12}、烟酸的良好来源，其中瘦猪肉中含维生素 B_1 特别高。

大蒜独特的辛辣气味，可以消除肉、鱼的腥味，并增加食欲，是烹调中不可缺少的调味品。有些菜肴，如烧茄子、炒菜豆、炒苋菜、麻辣豆腐、鱼香肉丝、炒猪肝、糖醋排骨、红烧鱼、凉拌菜等，不加蒜味道就不鲜美。一些地方名吃，如陕西的凉粉、凉皮，北京的灌肠，不加入蒜汁就没有味道。羊肉泡馍、涮羊肉等更离不开糖蒜。虽然南方人不喜欢吃大蒜，但在炒青菜时还是习惯用大蒜，而大蒜烧排骨更是别有风味。

民谚云："吃肉不加蒜，营养减一半。"这不仅是说吃肉的时候加大蒜可以增加肉的滋味和食欲，更是因为大蒜可以使肉中的营养更多地被人体吸收，之所以这么说是具有一定科学道理的。研究表明，肉类食品中，尤其是瘦肉中含有丰富的维生素 B_1，而维生素 B_1 在人体内停留的时间很短，如果身体来不及吸收，维生素 B_1 就会随尿液排出体外。而大蒜中含有独特的蒜氨酸和蒜酶，与维生素 B_1 接触后，会产生蒜素，肉中的维生素 B_1 就和蒜素结合生成稳定的蒜硫胺素，从而使维生素 B_1 的含量提高了 4 ~ 6 倍。不仅如此，蒜硫胺素还能延长维生素 B_1 在体内的停留时间，提高维生素 B_1 在胃肠道的吸收率和利用率，对消除身体疲劳、增强体质等都有十分重要的作用。因此，在日常饮食中，吃肉时适当吃一些蒜，既可解腥去异味，又能促进血液循环、消除疲劳、维持体内酸碱平衡，达到事半功倍的营养效果。

需要注意的是：大蒜素遇热会很快失去作用，因此烹调时不宜久煮，只可大火快炒，防止有效成分被破坏。

"只要三瓣蒜，痢疾好一半"

大蒜对造成肠炎、痢疾的痢疾杆菌等有很强的杀灭力。夏秋两季，多发肠炎、痢疾，每天吃几瓣生大蒜，就能预防肠道传染病的发生。如已患肠道传染性疾病，可将生蒜捣成泥，用开水送下，效果明显。

在中世纪，修道院的修道士们都食用大蒜，以此来预防瘟疫。在以前的战争中，军医常用大蒜来预防战场上的各种伤口感染。研究指出，大蒜具有抗生素特性，能灭菌杀毒，还能抗真菌。

三国时期，蜀国丞相诸葛亮率领大军南征少数民族地区，擒拿孟获。由于孟获暗施毒计，把诸葛亮的军马诱至秃龙洞，这个地方山岭险峻、道路狭窄，经常有毒蛇出没，更有瘴气弥漫，蜀兵都染上了瘟疫，面临不战自溃的危险。一天，有一位老者向诸葛亮献上解救之计，说：“这个地方有哑泉、灭泉、黑泉和柔泉四眼泉水，人如果喝了，无药可医；又因为瘴气密布，人如果接触了，就会导致死亡。从这里向西走几里路，有一位隐士叫万安隐者，他住的房子前有一种仙草叫韭叶芸香,每个士兵嘴里含一叶,就不怕瘴气了。”诸葛亮依言而行，果真全军得以平安。他征战胜利回朝后,得知“韭叶芸香”就是家喻户晓的大蒜。

原来，大蒜为百合科多年生草本植物，每株九片叶子，故名九叶芸香，即“韭叶芸香”。研究表明，大蒜中植物杀菌素(大蒜素)含量较高，对多种细菌性、真菌性与原虫性感染均有治疗与预防价值。实验还证明，把一小瓣大蒜放在口中咀嚼，可杀死口腔内全部细菌。把大蒜压碎放在一滴含有很多细菌的生水里，1分钟内细菌便全部死亡了。

大蒜中所含的大蒜素是细菌的强力杀手，对葡萄球菌、大肠杆菌等都有抑制和杀灭作用。此外，大蒜还有降低血脂、预防血栓、抗癌防癌等功效。整粒大蒜中并不直接含有大蒜素，存在于整粒大蒜中的成分是蒜氨酸和蒜氨酸酶，要把大蒜碾碎后，它们互相接触才产生大蒜素。因此，吃大蒜最好的方法就是捣碎成泥后再吃，现吃现捣。家庭里用蒜泥生拌凉菜，吃饺子时用醋、香油调和少量蒜泥佐餐，都是很健康的吃法。

“大蒜不值钱，能防脑膜炎”

有这么一个故事：一个聪明的商人甲，贩了五筐葱到一个没有葱的国度，当地人十分喜爱，送给他五筐金子。更会动脑筋的商人乙就想，蒜的味道不是比葱更好吗？他就贩了五筐蒜去。当地人果然更加喜爱。他们认为金子已不足以感谢商人乙，遂回赠了他五筐葱。

大蒜是一种极为普通的食物，却能杀灭多种细菌。据报道：伤寒杆菌在0.5%的大蒜溶液中，5分钟内就会死亡；用混有3%蒜液的细菌培养基做实验，各种细菌会立即停止繁殖；对脑膜炎球菌的杀灭能力亦很强。因此常吃点大蒜或醋泡的大蒜，能预防脑膜炎。

大蒜在我国和国外用来食用和治病的历史悠久，有“地里生长的青霉素”之称。在公元前1500年的古埃及医学记录中，至少20次提及了大蒜治疗头痛、心脏病和蚊虫叮咬的疗效。古印度人也经常吃大蒜，认为吃蒜可以增进智力，使人们的声音保持洪亮。

古希腊名医，现代医学之父希波克拉底就用大蒜雾气来治疗子宫癌。最近也有研究指出，饮食中葱蒜属蔬菜摄取量高的人患胃癌的概率较那些不食用葱蒜的人要低。

蒜的功用

蒜里的活性物质

蒜营养丰富，鲜蒜中的糖类含量可达26.5%，包括单糖、低聚糖和多聚糖。大蒜中的低聚糖在小肠内不能被消化吸收，热量低，到达大肠内可被双歧杆菌利用，并能显著抑制有害菌，是双歧杆菌增殖因子。大蒜多糖的种类较多，有半乳聚糖、甘露聚糖、果聚糖和杂果聚糖等，其中以果聚糖含量最高。大蒜中还存在糖蛋白、凝集素等类型的杂多糖。

从新鲜大蒜中提取的脂类化合物有中性脂质、磷脂、糖脂。中性脂质中主要为甘油三脂，其余有甾醇、脂肪酸、甾醇醚及其乙酞化合物等。糖脂以醚化和非醚化的甾醇葡萄糖苷为主要成分。磷脂的85%是卵磷脂。三种脂质中的脂肪酸主要为亚麻酸、亚油酸等不饱和脂肪酸。

大蒜中几乎含有全部人体中所有必需的氨基酸，其中半胱氨酸、组氨酸、赖氨酸含量最高。大蒜中的含硫氨基酸主要存在于大蒜鳞茎的细胞中，蒜氨酸是大蒜中含量最多的含硫化和物，是大蒜中独特的非蛋白类含硫氨基酸，占大蒜中含硫化合物的90%以上，其含量高达0.5%～1.4%，干重计算则高达3.2%。以蒜氨酸为代表的含硫氨基酸具有独特的药理活性。

大蒜中最重要的酶为蒜氨酸酶，存在于细胞壁中，可将蒜氨酸转化为大蒜素。此外还有超氧化物岐化酶、过氧化氢酶、水解酶、胰蛋白酶等。蒜氨酸酶能催化蒜氨酸生成具有多种药用和保健作用的大蒜素。

大蒜含有超氧化物歧化酶(SOD)，能催化超氧自由基的金属酶类，广泛存在生物体内。人体许多疾病的发生与体内活性自由基（如超氧阴离子自由基、羟基自由基等）有关，它们极为活泼，破坏力强，能损伤细胞膜、断裂DNA链从而引起病变。在正常情况下，自由基一旦产生，人体就会通过各种渠道迅速清除而不至于产生疾病。但随着人体的衰老，这种清除能力逐渐减弱、退化，自由基的浓度就会偏高而引发疾病，从而可能导致高压氧与氧中毒、急性炎症、水肿、自身免疫性疾病、肺气肿、老年性白内障等疾病。超氧化物岐化酶是一种有效的自由基清除剂，它能催化岐化反应来清除机体内的超氧自由基，从而有效地预防自由基对生物体的侵害作用，因而具有抗辐射、延缓机体衰老等功能。近年来，超氧化物歧化酶被用于自身免疫性疾病、炎症、骨髓损伤、放射性损伤、癌症肿瘤等的诊疗中。另外，自由基能使皮肤表皮内的胶原纤维、弹力纤维交联发生褐变、变脆而失去弹性。当皮肤的胶原纤维、弹力纤维断裂后，皮肤的保水能力降低，皮肤松弛形成皱纹。超氧化物歧化酶能够清除自由基，从而有效地减少皱纹，恢复皮肤弹性，减轻皮肤表面逐渐产生黄褐斑、老年斑等色素沉淀。

大蒜多糖属于菊糖类的果聚糖。研究表明，果聚糖具有抗癌、调节免疫、降低胆固醇、调节肠道菌群、增生双歧杆菌和乳酸杆菌、预防龋齿，预防和治疗便秘，促进钙吸收等作用。

大蒜中含有丰富的矿物质，其中含量最高的是被认为在生物体系中起关键作用的是磷，其次为镁、钙、铁、硅、铝和锌。在人体中具有极高生理活性的锗和硒也都有很高的含量，而有害元素铅、砷等在大蒜中的含量则很低。微量元素硒，能够清除人体内有害的自由基，保护细胞的结构和功能，它还能刺激免疫细胞产生抗体，增强人体对疾病的抵抗力。微量元素锗，能促进人体血液循环，增强人体的免疫力；使衰老或丧失功能的细胞恢复功能。此外，锗可以通过生物电位，抑制癌细胞的繁殖，同时，诱发人体内的干扰素，将巨噬细胞诱变为抗癌性巨噬细胞，具有防癌抗癌作用。

蒜的药理及生理作用

蒜是我国卫生部指定的药食两用资源，也是世界卫生组织推荐的应当经常食用的抗肿瘤保健食品。研究表明，大蒜有降血脂、降血糖、抗血栓、提高机体免疫力、保护肝脏、降血压、降血脂、预防动脉硬化、防治冠心病、预防脑血栓、消炎杀菌、预防流感和延缓衰老等作用。在抗肿瘤方面，大蒜对胃癌、结肠癌、口腔癌、食管癌、子宫癌、乳腺癌、皮肤癌等具有辅助治疗作用。大蒜的这些药用效果和保健作用与都与蒜氨酸、蒜氨酸酶、超氧化物歧化酶、大蒜多糖等活性物质有直接或间接的关系。

（1）强力杀菌：大蒜中含硫化合物具有很强的抗菌消炎作用，对多种球菌、杆菌、真菌和病毒等均有抑制和杀灭作用，是当前发现的天然植物中抗菌作用最强的一种。

（2）防治肿瘤：大蒜中的锗和硒等元素可抑制肿瘤细胞生长，实验发现，癌症发生率最低的人群就是血液中含硒量最高的人群。美国国家癌症组织认为，全世界最具抗癌潜力的植物中，位居榜首的是大蒜。

（3）排毒清肠，预防肠胃疾病。

（4）降低血糖，预防糖尿病：大蒜可促进胰岛素的分泌，增加组织细胞对葡萄糖的吸收，提高人体葡萄糖耐量，迅速降低体内血糖水平，并可杀诱发糖尿病的各种病菌，从而有利于预防和辅助治疗糖尿病。

（5）防治心脑血管疾病：大蒜可防止心脑血管中的脂肪沉积，诱导组织内部脂肪代谢，显著增加纤维蛋白溶解活性，降低胆固醇，抑制血小板的聚集，降低血浆浓度，增加微动脉的扩张度，促使血管舒张，调节血压，增加血管的通透性，从而抑制血栓的形成和预防动脉硬化。

（6）预防感冒：大蒜中含有一种辣素，对病原菌和寄生虫都有良好的杀灭作用，可预防感冒，减轻发热、咳嗽、喉痛及鼻塞等感冒症状。

（7）抗疲劳：有人研究发现猪肉是富含维生素 B_1 的食物之一，而维生素 B_1 与大蒜所含有的大蒜素结合在一起，能很好地发挥消除疲劳、恢复体力的作用。

（8）抗衰老：大蒜里的某些成分有类似维生素 E 和维生素 C 的抗氧化、防衰老的特性。

（9）保护肝脏：大蒜中的微量元素硒，通过参与血液的有氧代谢，清除毒素，减轻肝脏的解毒负担，从而达到保护肝脏的目的。

（10）抗过敏：每天生吃大蒜能够减轻过敏反应程度，特别是由温度变化所引起的过敏。最好的方法是在过敏季节来临前几周就开始生吃大蒜。

（11）预防霉菌性阴道炎：霉菌性阴道炎是由霉菌感染所致的。蒜中含有大量的大蒜素等物质，是强力的天然杀菌物质，可以抑制白色念珠菌在阴道内的过度生长和繁殖。所以，女性多吃蒜类，可以有效的预防霉菌性阴道炎的发生。

蒜的健康学问

中医说蒜

蒜性温，味辛，归脾、胃、肺经，具有杀虫除湿、温中消食、化食消谷、解毒、破恶血、攻冷积等作用，适用于高血压、高脂血症、糖尿病、冠心病、脂肪肝、水肿、小便不利等。《本草纲目》中记载其 :“胡蒜其味熏烈、能通五脏、达诸窍、祛寒湿。辟邪恶、消痛肿、化痰积肉食。”

生活中，有的人特爱吃辛辣的、味道特别浓的或具有某种特殊味道的食物，比如臭豆腐。这其实说明这些人正处于一个郁滞、窍不通的状态，需要吃这些东西帮助宣窍。大蒜也能起到开窍的作用。大蒜能通五脏，对五脏都有很好的通利作用。另外，大蒜可以去寒湿，也可以避瘟疫。总而言之，它对免疫力的提高具有一定的效果。另外，吃蒜和葱还可以化肉食的油腻，我们做肉菜的时候放葱、蒜的道理也在于此。

民间有很多关于蒜的偏方，比如，有的人经常流鼻血不止。民间有个方子，就是把大蒜捣成汁，贴在脚心的涌泉穴上。这样可以引壅在上面的火下行，达到止鼻血的目的。此外，如果腿上出现水肿，民间也有个方子，把蒜捣成泥敷在肚脐上，这种方法可以通下焦、利水，同时可以通便。

大蒜还可以用来做隔物灸，如隔蒜灸。做隔蒜灸最好用很辣的独头蒜，把它切成厚片放在肚脐上，然后灸，这对治疗痈疽、痈疮非常有好处。

古人认为多食蒜会耗散人的正气，同时也耗散人的阴血，不能过多食用。

蒜的内用偏方

感冒

⊙生姜100克，大蒜400克，柠檬3～4个，蜂蜜70克，白酒800毫升。将大蒜去皮，上锅蒸5分钟后切片，柠檬去皮后切片，生姜切片，与蜂蜜共浸泡于白酒中3个月，过滤后即可饮用。每日30毫升，不可过量饮用。本方具有祛风散寒解表的食疗功效，适用于风寒感冒。

⊙大蒜、生姜各100克，醋400毫升。生姜去皮，和大蒜瓣分别切片，放入瓶中，倒入醋，密封后浸泡20~30天。每次取姜、蒜各3~5片，佐餐食用。本方可祛风散寒，是冬季防治感冒的食疗妙方。

慢性支气管炎

⊙大蒜、陈醋各适量。将大蒜去皮浸于陈醋中7天。每日吃4~5瓣大蒜，并饮10毫升醋汁，日服2次，可连续服用。本方具有解毒消炎的作用，对慢性支气管炎患者有益处。

支气管哮喘

⊙大蒜适量，红糖 150 克，醋 500 毫升。将红糖放入醋中搅溶，再将大蒜浸泡在糖醋汁中，15 天后即成。每天早晨空腹吃 1 ～ 2 瓣糖醋大蒜，并喝 10 毫升糖醋汁，连服 10 ～ 15 天。本方具有止咳平喘，解毒散瘀的作用。

消化不良

⊙鸭血 500 克，豆腐 50 克，青蒜 1 根，盐、味精、水淀粉、黄酒、胡椒粉、醋各适量。在锅内加适量水，水煮沸后放入切成丁的鸭血和豆腐丁，加入适量的盐和黄酒，待水沸几沸后加入少许水淀粉，再沸后投入适量的醋、胡椒粉、味精，撒上青蒜，离火起锅。饭前食用。本方具有开胃消食的食疗功效。

腹胀

⊙青蒜 250 克，豆腐干 200 克，盐、味精、植物油各适量。将豆腐干洗净，切成菱片形；青蒜去根和老叶，洗净切成段。炒锅放植物油烧热，放入青蒜煸炒至翠绿色时放入豆腐干，加盐继续煸炒，加味精调味即可出锅装盘。佐餐食用。本方具有温补脾胃、宽中行滞的食疗功效。

慢性胃炎

⊙青蒜连叶 3 根，醋 500 毫升。将连叶青蒜与醋共煮熟。胃痛时即饮。胃酸分泌过多者慎用。本方具有温中健胃的食疗功效，适用于慢性胃炎。

慢性肠炎

⊙独头蒜1头，红糖和白酒适量。将以上3味共煮后备用。日服1～2剂。具有祛风止泻的食疗功效。

⊙大蒜、米醋各适量。将大蒜去皮，浸入米醋中备用。每日3次，每次吃蒜6瓣。具有暖脾涩肠食疗功效，适用于慢性肠炎。

细菌性痢疾

⊙茶叶15克，山楂、红糖各30克，大蒜1头。以上几味一同加水煎煮，取汁代茶饮。本方具有抗菌止痢、清热镇痛的食疗功效。

慢性肝炎

⊙黄鳝500克，猪瘦肉250克，蒜1瓣，蒜蓉、生姜末、黄酒、酱油、白糖、葱花、味精各适量。将黄鳝宰杀后，用温水洗去表面黏液，切成3厘米长的段；猪瘦肉切块，各用黄酒、盐腌渍20分钟。将锅中植物油烧热，爆香蒜蓉、生姜末，煸炒鳝段、猪瘦肉块，加入黄酒、酱油、白糖、葱花、味精炒匀，盛于碗中，隔水炖约2小时至肉熟即成。佐餐食用。本方具有补肾养肝、强腰膝的食疗功效。

慢性胆囊炎

⊙新鲜鱼头2个（约500克），鲜大蒜90克，豆腐100克。将大蒜去衣，洗净；鱼头洗净；豆腐切块。将豆腐、鱼头分别下油锅煎香，铲起，再与大蒜一同放入锅内，加适量水，小火煲半小时，调味后即成。佐餐食用，每周 3 次。本方具有下气辟秽、利胆和胃的食疗功效，适用于脾胃湿滞型慢性胆囊炎。

高血压

⊙紫皮大蒜 50 克，白糖 100 克，糯米 100 克。将大蒜剥皮，备用；糯米淘洗干净后放入锅中，加 1000 毫升水和大蒜瓣，置火上烧开后转用小火熬煮成粥，调入白糖。日服 1 剂，分 3 次食用。凡阴虚火旺及眼睛、口齿、喉舌等部位有疾病的患者均应忌服。本方具有降血压的食疗功效。

百日咳

⊙大蒜 20 克，蜂蜜 15 克。将大蒜去皮捣烂，放入杯中，加适量开水冲泡，加盖闷 30 分钟，加蜂蜜调味即成。代茶温饮。本方具有宣肺、止咳、化痰的食疗功效，适用于小儿百日咳初期。

流行性腮腺炎

⊙大蒜 100 克，生姜 100 克，醋 500 毫升。将生姜洗净，切片，大蒜整瓣同浸于食醋中，密封存放 30 天以上。饮醋，嚼食姜、蒜，每日 1 次。胃酸分泌过多者慎用；在流行性感冒等呼吸道疾病流行期间食用，可与菜肴一起酌量食用，或于饭后饮用 10 毫升浸泡液，每天 2 次。本方具有止痛、杀菌、抗病毒的食疗功效，适用于流行性腮腺炎。

小儿感冒

⊙大蒜、生姜各15克。大蒜、生姜洗净切片，加1碗水，煎至半碗，加适量红糖，睡前一次服下。本方具有疏风散寒的食疗功效，适用于小儿风寒感冒。

小儿咳嗽

⊙大蒜50克，蜂蜜35克。将大蒜去皮捣烂，用开水浸泡20分钟后再用小火炖1小时，取汁调蜜即成。日服1剂，分3次餐前食用。本方具有润肺止咳的食疗功效，适用于小儿久咳不止、夜不能睡。

小儿痢疾

⊙大蒜10～15克，马齿苋30～60克，糖适量。大蒜捣烂，马齿苋煎水1碗，冲入蒜蓉，取汁加糖，1日分2次服。具有清热解毒止痢的食疗功效。

小儿遗尿

⊙羊肉250克，大蒜15克，香油、酱油、盐各适量。将羊肉洗净，煮熟切片；大蒜捣碎，同放大盘内，加香油、酱油、盐，拌匀即可食用。本方具有温肾助阳的食疗功效，适用于肾虚型遗尿。

小儿肾炎

⊙老鸭1只，大蒜5瓣。鸭去皮及内脏，填入大蒜煮至烂熟，不加盐，可加少许糖，喝汤，吃鸭肉和蒜。本方具有温中健脾、暖肾助阳、行气利水的食疗功效，适用于小儿肾炎水肿。

小儿夜啼

⊙煨熟大蒜1头，乳香2克。乳香先研成细末，加蒜研成泥状，制成如芥子大药丸。每次7粒，用乳汁送服。本方具有补中益气祛寒食疗功效，适用于小儿脾寒型夜啼。

小儿蛲虫病

⊙大蒜3～5瓣，白糖15克，开水适量。将蒜瓣剥去薄皮，与白糖共捣烂，冲入开水少许,加盖闷片刻,凉后饮用。每日1次,连渣带汁1次服完,连服5～7天。本方具有杀虫止痒的食疗功效。

妊娠水肿

⊙黑豆100克，大蒜30克，红糖30克。将大蒜洗净切片。锅中加1000毫升水,煮沸后倒入洗净的黑豆、大蒜片和红糖,小火炖至黑豆烂熟即成。日服2次，一般连服5～7次。本方具有健脾益胃的食疗功效。适用于脾肾两虚型妊娠水肿。

产后腹泻

⊙大个蒜 1 头。蒜煨热吃下。本方具有清热、化湿、止泻的食疗功效，适用于产后腹泻。

⊙小蒜 120 克，鸡蛋 2 个。将小蒜洗净切碎，和鸡蛋煎熟，不放盐。本方具有温中止泻的食疗功效。

男性勃起功能障碍

⊙羊肉 250 克，大蒜 30 克，盐、酱油各适量。羊肉洗净，切成块，放入锅中加适量水，煮至将熟时放入大蒜，再煨 20 分钟左右，熟后加盐、酱油调味。吃肉饮汤。每 1 ~ 2 日 1 剂，以 5 次为 1 疗程。本方具有益气补虚、温中暖肾的食疗功效，适用于心脾两虚型勃起功能障碍。

⊙杜仲 160 克（盐炒），补骨脂 80 克（酒炒），核桃仁 50 克，大蒜 40 克。以上材料研细末，做成小水丸，每服 9 克，空腹温酒送服。本方具有温补肝肾、祛除寒湿的功效，适用于勃起功能障碍。

⊙核桃仁 100 克，蒜 30 克，蚕蛹 50 克，调味料适量。蚕蛹洗净、沥干水，油锅烧温热，下蒜和调料一起炒出香味，再加适量水和核桃仁、蚕蛹炖熟，即可食用。本方具有补肾壮阳的食疗功效，适用于勃起功能障碍等。

早泄

⊙活泥鳅 500 克，豆豉 15 克，生姜片 10 克，蒜泥 5 克。将泥鳅治净，切成 5 厘米长的鱼段。锅置大火上，加入少许油，先爆香蒜蓉，再加入适量水，然后将将泥鳅放入锅中，水刚好浸过鱼面，加入调料，大火煮沸后转小火烧至汤汁起胶状时即成。佐餐食用。有食积者不宜食用。本方具有调中益气、壮阳的食疗功效。

蒜的外用偏方

感冒

⊙薄荷30克，生姜30克，大蒜30克，共捣成糊状，贴敷于大椎穴、太阳穴，以消毒纱布覆盖，再用医用胶布固定；两手劳宫穴敷药后合掌端坐30分钟。本方适用于感冒初起有恶寒头痛者。

支气管炎

⊙大蒜适量，米醋少许。大蒜捣烂成蒜泥，加少许米醋调成糊状，涂抹在消毒纱布上，外面再包上一层消毒纱布，贴敷于胸口。注意大蒜不宜与皮肤直接接触。本方适用于风寒型支气管炎，症见咳嗽畏寒者。

⊙大蒜10瓣，捣烂成蒜泥，取蚕豆大小蒜泥1块，置于伤湿止痛膏中心。每晚洗脚后敷于双足涌泉穴，次日早晨揭去，连贴3～5次。本方适用于风寒型支气管炎，症见咳嗽畏寒者。

消化不良

⊙车前子 30 克，蜗牛 20 克，大蒜 30 克，共捣为糊，敷于脐部。

腹痛

⊙大个蒜 1 头。捣烂，将蒜泥摊于消毒纱布上，然后敷于脐部，再用胶布固定，痛止即可取下。本方具有温中、散寒、止痛的作用。

吐血

⊙大蓟 10 克，小蓟 10 克，白茅根 10 克，大蒜 10 克。共捣成糊状，敷于脐部，然后用消毒纱布覆盖，再用医用胶布固定。本方适用于胃热所致轻度吐血。

急性胃肠炎

⊙大蒜、盐各适量。一同捣烂如糊状，敷于脐部，用艾炷灸 7 壮，同时用药糊擦足心，并食大蒜 1 瓣。

细菌性痢疾

⊙大蒜 20 克。捣烂，压成饼状，敷于神阙穴、涌泉穴。本方具有解毒止痢的作用，适用于细菌性痢疾。

便秘

⊙山栀子 15 克，大蒜适量。将山栀子研为细末，再与大蒜共捣烂呈膏状，敷于脐部，然后用消毒纱布覆盖，再用胶布固定。本方具有清热通便的作用，适用于热性便秘。

⊙附子 10 克，苦丁香 8 克，白芷 10 克，胡椒 6 克，大蒜适量。以上 6 味共捣烂，做成药饼，敷于脐部，每天换药 1 次，便通即停。本方具有温阳通便的作用。适用于寒性便秘。

水肿

⊙田螺 4 个，车前子 6 克，大蒜 5 头。共捣烂，制成小饼，敷于脐部，外用消毒纱布覆盖，再用医用胶布固定，每日换药 1 次。本方适用于小便不利、水肿。

腰腿疼痛

⊙独头蒜汁、韭菜汁、葱汁、生姜汁、艾叶汁各 120 毫升，白酒 600 毫升，香油 120 毫升。以上前 6 味煎沸，再加入香油熬至滴水成珠，加松香搅匀成膏，再将药膏摊于纱布上，将药膏贴于患处。本方具有祛风散寒，活血通络，止痛除痹的作用。

小儿白喉

⊙大蒜适量。将大蒜捣烂，于阳溪、印堂、合谷、曲池、经渠、人迎 6 个穴位中选 1 ～ 2 穴贴敷。本方具有清热解毒的作用。适用于小儿白喉。

⊙大蒜 6 克，鸡苦胆 1 个，枇杷叶 6 克，萝卜子 6 克，艾叶 80 克。将药物炒热后，用纱布包扎，熨烫胸背、手足心处。本方具有清热泻肺、涤痰降逆的作用。适用于小儿百日咳痉咳期。

小儿感冒

⊙大蒜 10 克，艾叶 30 克，薄荷叶 20 克，大青叶 12 克，石菖蒲 12 克。以上 5 味混合捣烂，置于一布袋内，平素挂在小儿胸前。本方具有清热解毒的作用。适用于预防小儿感冒。

小儿头癣

⊙独头蒜 1 头。将独头大蒜剥去外皮，再切成片。用切好的大蒜片截面涂擦患处，每次反复擦 15 分钟，每日擦 3 次，10 天为 1 个疗程。停 3 天后再进行下一个疗程，以愈为度。适用于小儿头癣。

小儿腹泻

⊙大蒜 12 克，鸡蛋清适量。将大蒜捣烂，用鸡蛋清调成膏糊状，敷于两足涌泉穴。具有清热解毒止泻的作用。适用于小儿腹泻。

⊙黄连、黄芩、黄柏各等份，大蒜汁适量。前 3 味共研细末，备用；每次取药末 5 克，用大蒜汁调成糊状，敷于脐部，然后用消毒纱布覆盖，再用医用胶布固定，每日换药 1 ～ 2 次，3 天为 1 个疗程。本方具有燥湿止泻、泻火解毒的作用。适用于小儿湿热型腹泻。

小儿蚊虫叮咬伤

⊙独头蒜1头。剥去蒜衣，切成片，将截面对准蚊虫咬伤处及周围2～3厘米处反复涂擦，每小时擦1次，每次擦10～15分钟，直至痛止肿消为止。本方具有清热解毒止痒的作用。适用于蚊虫咬伤。

⊙生大蒜适量。大蒜捣烂如泥，敷在患处，每日1次～3次。本方具有清热解毒的作用。适用于毒虫咬伤。

小儿冻疮

⊙干红辣椒末100克，干姜末、大蒜(切细)各30克，樟脑10克，75%酒精750毫升。先用500毫升75%酒精浸泡前3味药，1周后取药液。药渣再加入250毫升75%酒精浸泡，5日后去渣。混合2次浸液，加入樟脑备用。用时以消毒棉签蘸药液频频揉擦患处。

小儿鼻出血

⊙独头蒜1头。切片，贴于足心，鼻出血可止。左侧鼻出血贴右足心，右侧鼻出血贴左足心。本方具有止血的作用。

女性阴道溃疡

⊙生甘草9克，金银花9克，玄参9克，土茯苓9克，苍术9克，白芷9克，茶叶9克，桑叶9克，苦参9克，葱白9克，蒜梗9克，槐枝9克，花椒9克。

加水煎煮，去渣，熏洗外阴部。适用于女性阴道溃疡的辅助治疗。

女性月经先后无定期

⊙大蒜适量。将大蒜捣泥，贴敷涌泉穴。贴3小时后自觉灼痛时取下，局部出小疱后月经出血量即会减少，小疱一周后自愈。本方具有滋肾清肝、止血调经的作用。

月经期腹泻

⊙大蒜1～3头。大蒜捣烂，敷足心或敷脐中。本方具有健脾、益肾、止泻的作用。适用于脾肾阴虚型经行泄泻。

女性阴部瘙痒

⊙大蒜、盐各适量。大蒜煮汤洗外洗阴部，再用盐涂搽。本方具有活血消肿的作用。适用于阴肿瘙痒。

子宫脱垂

⊙蛇床子20克，白藓皮20克，大蒜30克，紫背浮萍30克。加水煎煮，去渣，洗浴患处，每日1次，7天为1个疗程。本方适用于轻度子宫脱垂。

产后腹泻

⊙胡椒7.5克，大蒜数头。以上2味捣匀，制成药饼，贴于脐上。本方具有散寒、化湿、止泻的作用。

前列腺增生

⊙生山栀3枚，芒硝3克，大个蒜3瓣。将生山栀研末，加入大蒜一同捣烂如泥，再加入芒硝同捣，和匀，敷于脐部，外用消毒纱布覆盖，再用医用胶布固定，小便通后去膏药。本方具有消炎解毒、化积利水的作用。

疮痈肿痛

⊙鲜香椿嫩叶、大蒜各等份，盐少许。以上3味捣烂成泥状，涂敷于患处。具有清热解毒的作用。适用于疮痈肿痛。

⊙大蒜10瓣，淡豆豉40克，乳香3～4克。上药共研，敷于疮上，铺艾灸之。痛者灸之会不痛，不痛者灸之会痛。具有清热解毒的作用。适用于背疽（背部之无头疽）漫肿无头者。

蜂窝组织炎

⊙鲜大蒜汁20克，醋20毫升。将大蒜去皮洗净，捣烂，与醋同煎成膏状，敷于患处。具有消炎解毒，行瘀血的作用。适用于蜂窝组织炎。

⊙大蒜数瓣，乌蔹莓藤或根、酒、醋各适量。将乌蔹莓藤或根洗净，与大蒜数瓣一同捣绒，炒热，用酒、醋泼过，敷于患处。具有清热解毒，消肿活血的作用。适用于肿毒发背、无名肿毒、恶疮初起等。

寻常疣

⊙大蒜适量。将蒜捣成泥状，将患处消毒，然后用刀片将角质层刮破，见血为度，再将药糊敷于患处，用胶布固定，每日更换一次，一般 4 ～ 5 天疣体结痂脱落而愈。具有散瘀解毒除疣的作用。

头癣

⊙紫皮独头大蒜若干。紫皮蒜去皮洗净，捣烂成浆，过滤取汁，患者剃头后，用温水、肥皂洗头，擦干，由癣区四周向内涂搽大蒜汁，每日早晚各 1 次，一般 7 ～ 10 天见效，15 天为 1 疗程，40 天痊愈。具有杀菌消毒的作用。适用于头癣。

⊙大蒜 50 克，蓖麻油或猪油适量。将大蒜捣成泥状，加蓖麻油或猪油调和，搽患处。具有杀菌消毒的作用。

疮毒

⊙鲜大蒜 20 克，醋 20 毫升。将大蒜去皮洗净，捣烂取汁，与醋同煎成膏状，敷于患处。本方适用于疮毒早期。

丹毒

⊙大蒜 200 克。加水煮取药液半桶。将患肢先熏后温洗，每晚熏洗 1 次，每次 20 ~ 30 分钟。本方适用于丹毒早期。

荨麻疹

⊙大青蒜 30 克，蝉蜕（去头足）3 克，凤凰衣（鸡蛋壳内膜）10 克。以上 3 味加水煎煮，去渣，温洗患处。本方具有祛风解毒、消肿止痒的作用。适用于血虚型荨麻疹。

⊙大风子 30 克，大蒜 15 克。以上 2 味共捣烂，加 100 毫升水煮沸 5 分钟，去渣取汁，涂敷于患处。本方具有清热祛风的作用。

蛇虫咬伤

⊙大蒜 3 克，雄黄 6 克。共捣烂，敷于患处。本方适用于毒蛇、毒虫咬伤。

⊙独头蒜 1 头。洗净切开，用切面涂擦患处。本方适用于毒蛇、毒虫咬伤。

手足皲裂

⊙ 40 度以上白酒 500 毫升，白胡椒粉 30 克，紫皮大蒜泥 30 克，鲜姜泥 30 克，生蜂蜜 150 克。将白胡椒末、紫皮大蒜泥、鲜姜泥 3 味加入白酒中，装入瓶内，密封。每日摇动 1 次，一周后滤去药渣，掺进蜂蜜，备用。用时先以温水浸泡患处（皲裂浸泡 20 分钟，冻疮浸泡 5 分钟），除去污垢，使硬角质表层软化（若皲裂皮硬者，先用剪刀剪去)，然后搽涂酒椒液，覆盖消毒纱布，用医用胶布固定。本法亦可用于治疗冻疮。本方具有温经通络、养血润燥的作用。

冻疮

⊙花椒 15 克，大蒜 15 克，猪油 70 克。将大蒜去皮，捣烂；花椒研为细末，放入熟猪油中调匀，制成药膏。敷于受冻未破溃的皮肤，每日敷药 1 次，用消毒纱布包好。本方适用于各种冻疮早期。

⊙紫皮独头蒜适量。蒜去皮，捣成蒜泥，加热后敷贴患处，每日 1 次。本方具有温经散寒、活血通络的作用。适用于冻疮溃破者。

⊙独头蒜适量。独头蒜捣烂涂患处。1 日 1 次。本方具有活血祛瘀、散寒止痛的作用。适用于冻疮。

神经性皮炎

⊙鲜蒜瓣、米醋各适量。将蒜瓣捣烂，用纱布包扎浸于醋内，2 ~ 3 小时后取出，用纱布包擦洗患处，每日 2 ~ 3 次，每次 10 ~ 20 分钟。涂药期间出现皮肤刺激现象，可减少涂药次数和时间。本方具有解毒、杀虫、散痹的作用。

⊙陈茶叶、艾叶各 6 克，老姜 50 克，紫皮大蒜 2 头，盐少许。将前 4 味煎汤，然后放入食盐。1 剂分 2 日用，外洗患处。本方具有消炎、杀菌的作用。

脉管炎

⊙川椒 10 克，艾叶 30 克，桂枝 15 克，防风 15 克，透骨草 30 克，槐枝 10 克，当归 30 克，红花 150 克，桑枝 30 克，大蒜瓣适量。共研，加水 2500 毫升，煎汤去渣，熏洗患处，每日 1 ~ 2 次，每次 30 分钟。本方适用于寒凝血瘀型脉管炎。

急性阑尾炎

⊙大蒜12头，芒硝2克，大黄末2克，醋适量。将大蒜去皮洗净，再同芒硝一同捣成糊状。先在患处涂擦醋，再将大蒜芒硝糊敷上，周围以消毒纱布围成圈，以防药液流失，2小时后去掉。以温水洗净，再用醋调大黄末敷12小时。每日1次。本方适用于亚急性阑尾炎。

⊙大黄30克，芒硝30克，大蒜20克，鲜败酱草50克，鲜紫花地丁40克。一同捣烂成泥状。外敷于右下腹疼痛明处(麦氏点)，每日换药1次。本方适用于亚急性阑尾炎。

鸡眼

⊙花椒3～5粒，紫皮大蒜1只，葱白10克，食醋适量。将花椒研为细末，再加葱、蒜捣成泥状，将药泥敷于鸡眼上，用卫生纸搓一细条围绕住药泥，用纱布包扎。24小时后去药，3天后鸡眼开始变黑，逐渐脱落，约半个月鸡眼可完全脱落。本方适用于手足部小鸡眼。

体癣

⊙紫皮大蒜100克，花椒25克。将花椒研为细末，再与去皮大蒜共捣烂成泥状。洗净患处后涂敷上一薄层药糊，并用棉球反复揉擦，使药物渗透进入皮肤，每日1～2次，连用10天为一疗程。适用于各类体癣。

手足癣

⊙大蒜适量。将大蒜去皮，切片。每晚睡前将患部用温水浸泡，然后用大蒜片涂搽患处。本方适用于各种手足癣。

⊙大蒜 20 ~ 25 瓣，醋 150 ~ 200 毫升。将大蒜捣烂，浸醋 2 ~ 3 天，将脚用温水浸泡 3 ~ 5 分钟，然后再在蒜醋液中浸泡 15 ~ 20 分钟。每日 3 次。本方适用于各种手足癣。

甲癣

⊙大蒜 150 克，陈醋 200 毫升。大蒜捣烂，放入广口瓶内，加陈醋浸泡半天。将患指或患趾放入药液中浸泡 1 ~ 2 分钟，每日浸 4 ~ 6 次。本方适用于各种甲癣。

股癣

⊙紫皮蒜 2 瓣。将紫皮蒜捣泥，外搽患处，以患处局部发热伴轻微刺激痛为限。本方具有杀虫解毒的作用。

皮肤念珠菌感染

⊙大蒜适量。将大蒜剥去外皮，放在碗内或研钵内捣成泥状，敷于患处，上覆消毒纱布，用医用胶布固定，1 周 1 次。面部及手、足部位的皮损亦可用大蒜切片涂擦，每日 3 次。外敷大蒜膏不可超出皮损范围，以免对正常皮肤造成损伤。本方具有杀虫止痒的作用。

鼻衄

⊙大蒜适量。将大蒜捣烂成泥状。敷于足心涌泉穴，左鼻出血敷右侧足心，右鼻出血敷左侧足心，以布包扎，每次用药 3 ~ 4 小时，每日用药 1 次。适用于轻度鼻衄。

⊙大蒜 5 个，生地黄 15 克，韭菜根适量。以上前 2 味共捣成泥状，做成如 5 分钱硬币大小的药饼；韭菜根洗净切碎，捣取汁液半小杯，加入适量开水。敷于足心涌泉穴，左鼻出血敷右侧足心，右鼻出血敷左侧足心，以布包扎，两鼻同时出血时则双足同时贴敷药饼。适用于轻度鼻衄。凡阴虚火旺者忌用。

哪些人不宜吃蒜

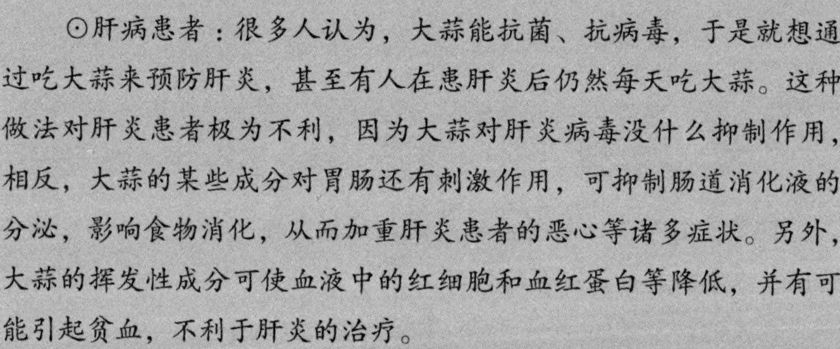

⊙肝病患者：很多人认为，大蒜能抗菌、抗病毒，于是就想通过吃大蒜来预防肝炎，甚至有人在患肝炎后仍然每天吃大蒜。这种做法对肝炎患者极为不利，因为大蒜对肝炎病毒没什么抑制作用，相反，大蒜的某些成分对胃肠还有刺激作用，可抑制肠道消化液的分泌，影响食物消化，从而加重肝炎患者的恶心等诸多症状。另外，大蒜的挥发性成分可使血液中的红细胞和血红蛋白等降低，并有可能引起贫血，不利于肝炎的治疗。

⊙非细菌性腹泻患者：发生非细菌性的肠炎、腹泻时，不宜生吃大蒜。因为肠道局部黏膜组织有炎症，肠壁本身血管扩张、充血、肿胀、通透性增加，机体内大量蛋白质、钾、钠、钙、氯等电解质及液体渗入肠腔，大量液体刺激肠道，使肠蠕动加快，因而出现腹痛、腹泻等症状。如果再吃生大蒜，辛辣味的大蒜素会刺激肠道，使肠黏膜充血、水肿加重，促进渗出，使病情恶化。如果已经发生了腹泻，食用大蒜更应该慎重。

⊙眼疾患者：中医认为，长期大量地食用大蒜会“伤肝损眼”。因此，眼疾患者应尽量不吃大蒜，特别是身体体质差、气血虚弱的患者更应注意，否则时间长了会出现视力下降、耳鸣、头晕、记忆力减退等现象。有些人患了近视眼或其他眼疾，需要服用中药治疗，这时千万要忌口，否则直接影响疗效。

⊙其他重症患者：适当食用大蒜、辣椒等辛辣食物，有利于健康人保持长久的健康，而对于患重病、正在服药的患者，吃蒜则有明显的副作用，可能会影响药效，还有可能与药物发生连锁反应，引起健康问题。

美食不离蒜

胡萝卜大蒜汁

【原料】胡萝卜 100 克，大蒜 20 克，冷开水 250 毫升。

【做法】将大蒜剥去外皮，剥成蒜瓣；胡萝卜洗净，去皮、头尾，切成小块状。将大蒜瓣、胡萝卜块以及 150 毫升的冷开水一起放入榨汁机，搅打过滤，用剩余的冷开水稀释大蒜胡萝卜滤汁，即成。

【食疗功效】

降血脂，可预防心血管疾病。

白萝卜蒜苗羊肉汤

【原料】白萝卜 300 克，青蒜 50 克，羊肉 250 克，羊杂 250 克，红茶 5 克，黄酒、盐、味精、香油各适量。

【做法】将白萝卜洗净，切块；青蒜洗净，切末；羊肉洗净，切丝；羊杂洗净，切碎；红茶用纱布包裹。将羊肉、羊杂、白萝卜、红茶入锅，加清水适量，大火煮沸后加黄酒，煨煮至羊肉熟烂后调入盐、味精、酱油、青蒜，煮1～2沸即成。

【食疗功效】

补气养血，祛风化湿，温经散寒。适用于风湿性关节炎、慢性关节炎、腰腿痛等病症。

大蒜粥

【原料】紫皮大蒜50克，大米100克。

【做法】将大蒜剥皮待用。大米淘洗干净后放入锅中，加1000毫升水和大蒜瓣，置火上烧开后转用小火熬煮成粥，即成。

【食疗功效】

杀菌消炎，止咳祛痰。日服1剂，分早晚2次食用。10～15天为1个疗程。阴虚火旺者不宜。

大蒜拌马齿苋

【原料】新鲜马齿苋300克，大蒜50克，红糖10克，盐、味精、香油各适量。

【做法】将大蒜剥去外皮，分成蒜瓣，切碎，剁成蓉状，加适量温开水，压榨取大蒜汁。取汁后的大蒜蓉可作配料，待用。将马齿苋拣去杂质、洗净，入沸水锅中焯一下，待软即取出，投入凉开水中过凉，捞出，沥去水分，理齐，切成段，码放碗内，撒上蒜蓉。另取碗放入蒜汁，加盐、味精、香油、红糖等，拌成蒜汁调料，浇在马齿苋上拌匀即成。

【食疗功效】

下气消谷，散血消肿，降血脂。

大蒜炒鳝鱼

【原料】 黄鳝500克，大蒜250克，生姜3克，香油10克，盐、干淀粉、水淀粉、白糖、黄酒、味精、植物油各适量。

【做法】 将黄鳝活剖，去内脏、脊骨及头，用少许盐腌去黏液，放入沸水锅内烫一下，取出，过凉水洗净，切成片，加盐、干淀粉、白糖腌制；把大蒜择洗干净，切成段；将生姜刮去外皮，洗净切成细丝。炒锅置火上，放植物油烧热，下大蒜爆香，旺火炒至大蒜八成熟，盛入盘内。把炒锅洗净，另起油锅，旺火烧热，下生姜丝爆香，入鳝鱼片，烹入少许黄酒，炒片刻，下大蒜炒匀，加盐、味精调味，用水淀粉勾芡即成。

【食疗功效】

补脾和胃，理气消食。适用于气血亏虚，病后或产后瘦弱，消瘦，肾虚腰痛，四肢无力，子宫脱垂，风湿痹痛等。

大蒜炖龟

【原料】 大蒜60克，乌龟1只(约250克)，大枣15枚，植物油、盐、味精各少许。

【做法】 将大蒜去皮，洗净压烂；乌龟放入沸水中烫死，剁去头、爪，揭甲壳，剖开腹部去内脏后洗净，把大蒜、大枣纳入乌龟腹中，放入锅中，加清水适量炖至龟肉烂熟，再加入植物油、盐、味精调匀即可。

【食疗功效】

滋阴养血，补虚抗癌。适用于身体虚弱，阴血不足者。喝汤食龟肉、大蒜。每周2次，每次1剂，1次或分2次吃完。大蒜辛辣，有刺激性，凡胃肠道急性炎症、肠胃实热者忌食。

蒜香木耳鲫鱼汤

【原料】 鲫鱼1条，大蒜瓣50克，木耳、香菇各25克，植物油、盐、葱、姜、醋、香油、黄酒、味精各适量。

【做法】 将鲫鱼去鳞，去内脏，去鳃，洗净；将葱、姜分别洗净，葱切段，姜切丝；香菇、木耳分别泡发，择洗干净，均切成丝，泡香菇水留用。起油锅，将鲫鱼稍过油，加水适量煮沸，放入大蒜瓣，待汤呈乳白色时，加黄酒、葱段、姜丝、盐，再加黑木耳丝、香菇丝及泡香菇的水，开锅后加味精、醋及香油即可。

【食疗功效】

滋润肌肤，强身美容。适用于气血不足、机体虚弱、皮肤失养等病症。

大蒜鲶鱼

【原料】 鲶鱼2尾(重约500克)，蒜瓣100克，黄酒、盐、味精、酱油、白糖、醋、葱花、生姜末、植物油、鲜汤各适量。

【做法】 将鲶鱼去鳃及内脏，洗净，在鱼身上抹盐、黄酒腌渍一下；蒜瓣一切为二。油锅烧至四成热，投入蒜瓣、葱、生姜煸香，放入鲶鱼、鲜汤、酱油、黄酒、盐、味精、醋，烧至鱼熟入味，出锅即成。

【食疗功效】

利水解毒，健脾养胃。适用于水肿、咳嗽、气喘、食欲不振、消化不良、痔疮等。

蒜烧茄子

【原料】 大蒜25克，茄子250克，葱花、生姜末、蒜蓉、酱油、白糖、盐、味精和植物油各适量。

【做法】 将茄子洗净，切块，放入烧热的油锅内翻炒片刻，再加入适量生姜末、盐、酱油、蒜蓉和清汤，煮沸后用小火焖10分钟，拌匀，撒入葱花、大蒜、白糖、味精即成。

【食疗功效】

清热凉血，通络散瘀，消肿止痛。适用于冠心病、高血压病、高脂血症。

蒜香蹄筋

【原料】 牛蹄筋100克，莴笋100克，蒜瓣100克，鲜汤500毫升，植物油、葱、生姜、黄酒、胡椒粉、味精、水淀粉、鸡油各适量。

【做法】 将牛蹄筋放入碗中，加水适量，上笼蒸4小时，待蹄筋酥软时取出，再用冷水泡2小时，剥去外层筋膜，洗净，切成5厘米长的段；莴笋去筋皮后改刀切成4厘米长、1厘米宽的条。炒锅上火，放植物油烧热，将蒜瓣、莴笋条分别炸一下， 再将蒜瓣上笼蒸烂。炒锅放植物油，下葱、生姜炝锅，加入鲜汤，烧开后捞去葱、生姜，下牛蹄筋、莴笋、蒜瓣和适量的黄酒、胡椒粉、味精，用中火收汁，再用水淀粉勾薄芡，淋上鸡油即成。

【食疗功效】

补肝强筋，益气养血。适用于产后缺乳、腰腿酸软、痈疽、疮毒等。

蒜蒸章鱼

【原料】章鱼1条，大蒜100克，香菜50克，香油、盐各适量。

【做法】将章鱼去鳃及内脏，洗净；大蒜洗干净，切成细末；香菜洗净，切碎。将大蒜、章鱼放入碗中，加入香油、盐，隔水蒸熟即可，食用时撒上生香菜。

【食疗功效】

益气养血，解毒抗癌。适用于胃肠道肿瘤手术后或放疗化疗后血虚患者。

胡萝卜炒青蒜肉片

【原料】胡萝卜200克，青蒜、猪瘦肉各100克，鸡蛋1个，植物油、盐、味精、水淀粉、黄酒各适量。

【做法】将胡萝卜洗净，切片；青蒜洗净后切成3厘米长的段；猪肉切成片，加盐、味精、黄酒、鸡蛋液、水淀粉拌匀上浆。烧热油锅，下肉片煸炒至断血水盛起。炒锅上火，倒入植物油烧热，推入胡萝卜煸炒约2分钟，然后下青蒜煸炒，加盐、味精调味，倒入少量水，用水淀粉勾芡，倒入煸炒好的肉片，翻拌几下，出锅装盘即成。

【食疗功效】

杀菌解毒，消食理气，健脾抗癌。适用于贫血、慢性胃炎及消化道癌症的防治。

蒜蓉炝鳝丝

【原料】鳝鱼丝350克，蒜蓉50克，盐3克，味精2克，胡椒粉2克，黄酒7毫升，香油25毫升，花椒、醋、生姜汁适量。

【做法】将鳝鱼丝切成5厘米长的段，入开水锅焯熟，捞出晾凉后加盐、味精、胡椒粉、醋、生姜汁，拌匀，皮朝下整齐摆在碗内或盘中，放上蒜蓉。炒锅上火烧热，加入香油，下入花椒，炸香后将热油浇在蒜蓉上，用碗扣上，10分钟后起碗即成。

【食疗功效】

祛风活血，滋阴壮阳，抗菌防癌。适用于气血亏虚，病后或产后瘦弱，消瘦，肾虚腰痛，四肢无力，风湿痹痛等。

玫瑰蒜

【原料】鲜蒜500克，玫瑰50克，白糖150克，醋、精盐各适量。

【做法】将鲜蒜剥去外层老皮，放入清水中，浸泡3天，每天换水2次，以去掉辣味。捞出控干，并晾1天，放进坛内，加适量盐腌制2天。每天倒动1次，2天后捞出，在阳光下晒10 ~ 12小时，翻拌2 ~ 3次。蒜皮出现皱纹时，放阴凉处冷却。冷却后将蒜头放入坛子，一层蒜一层糖，2天后倒动1次，待甜味渗入蒜，再加入醋，次日再倒动1次，以后每隔2天翻动1次，约20天拌入玫瑰，密封坛口，3天后可以食用。

【食疗功效】

降血脂、降血压，促进食欲。

青蒜烧河蚌肉

【原料】 青蒜 250 克，河蚌肉 200 克，蒜蓉、盐、黄酒、味精、白糖、生姜末、植物油各适量。

【做法】 将青蒜洗净，切成 3 厘米长的段；将河蚌肉洗净，放入沸水锅中焯一下，捞出切成片，拌上黄酒、盐备用。炒锅上火，放植物油烧热，放入蒜蓉、生姜末爆香，下青蒜段煸炒至半熟，加入河蚌肉片，烧 5 分钟，再加白糖、味精调味即成。

【食疗功效】

清热解毒，滋阴益气，防癌抗癌。适用于贫血、厌食、疲劳综合征、高血压、高脂血症、动脉硬化等。

蒜蓉拌黄瓜

【原料】 嫩黄瓜 400 克，大蒜 30 克，盐 2 克，酱油 5 毫升，香油 3 毫升。

【做法】 将嫩黄瓜洗净，放入沸水锅中烫一下，捞出用刀顺剖为两半，去瓜瓤斜切成片。大蒜剥皮捣成蓉，放入碗中，加入盐、酱油、香油，兑成调味汁，浇在黄瓜的上，拌匀即成。

【食疗功效】

清热解毒，减肥轻身，滋润皮肤。

蒜蓉胡萝卜土豆丝

【原料】胡萝卜丝150克，土豆丝100克，蒜蓉25克，植物油、盐、醋各适量。

【做法】锅中加入适量植物油，烧热后下入胡萝卜丝和土豆丝，翻炒至熟，下入盐和醋调味，最后下入蒜蓉略炒即成。

【食疗功效】

本菜能补充多种维生素，胡萝卜、土豆、蒜还是保护心血管，预防冠心病的好食材。

蒜蓉茼蒿

【原料】茼蒿200克，蒜蓉25克，盐、植物油各适量。

【做法】茼蒿洗净，切段。锅中加入适量植物油烧热，下入茼蒿，大火快炒，加入食盐调味。出锅后放入蒜蓉拌匀即成。

【食疗功效】

这道菜富含多种维生素和纤维素等，还具有解毒杀菌、安神除烦的功效。

紫皮蒜粥

【原料】紫皮大蒜50克，大米60克。

【做法】将紫皮大蒜去皮，放入沸水中，煮1分钟捞出。将洗净的大米放入煮蒜的水中，煮成粥，再将蒜重新放回粥中，煮一二沸即可食用。

【食疗功效】

每日早、晚分食。解毒抗癌，下气清浊，降血脂、降血糖。适用于高脂血症、糖尿病及癌症。

蒜香南瓜饼

【原料】面粉 100 克，南瓜 80 克，蒜 20 克，植物油、盐、黑胡椒粉各适量。

【做法】南瓜去皮，洗净，擦成丝；蒜、香菜切细粒备用。南瓜、香菜、蒜倒入面粉中，加入胡椒粉、盐，加入适量清水，调匀，拌成稍稀点的面糊。锅中抹少许植物油，烧热后倒入面糊，摊匀，煎至两面呈金黄色，出锅切块即成。

【食疗功效】

营养丰富，可增强身体的免疫力。

蒜蓉丝瓜

【原料】丝瓜 2 根，蒜 4 瓣，植物油、盐、味精各适量。

【做法】丝瓜洗净，去皮，切斜块；蒜切成蒜蓉。锅中倒植物油，烧热后下入蒜茸爆香，下入丝瓜，翻炒至熟，加入盐和味精调味即成。

【食疗功效】

具有解毒凉血、清热化痰的功效，尤其适合夏季常吃。

蒜蓉粉丝娃娃菜

【原料】娃娃菜 2 棵，蒜蓉 20 克，粉丝

30克，植物油、盐、味精、香葱碎、蒸鱼豉油各适量。

【做法】先将娃娃菜一分为四，用加了盐和几滴食用油的的开水焯透；粉丝用清水浸泡开，放入开水中烫熟。锅中加少许植物油，放入蒜蓉，炒至金黄色，将蒜蓉捞出。将泡好的粉丝铺在盘底，码上娃娃菜，在上面撒上调好的蒜蓉料，放入蒸锅，大火蒸7分钟，取出，沥去汤水。撒点香葱碎在粉丝上，加点蒸鱼豉油，烧点热油浇在菜上即成。

【食疗功效】

娃娃菜富含碳水化合物和多种维生素等，本菜具有除烦、利水、清热等保健功效。

美好生活巧用蒜

蒜的选购

⊙蒜头：挑选大蒜时宜选个头大、瓣少、瓣大、整齐坚实的大蒜。用手掂量，感到分量重，蒜瓣不发芽、无臭味、干燥者为好。蒜头以大头红衣蒜为好，再看外皮是否完整，然后用手轻轻掂量和挤压大蒜，重而紧实的即是好的，若发软、或者表面皱巴巴的、或是已经出芽的大蒜，都不要挑选。优质蒜头大小均匀，蒜皮完整而不开裂，蒜瓣饱满，无干枯、腐烂，蒜身干净无泥，不带须根，无病虫害，无出芽。品质较次的蒜头大小不均匀，蒜瓣小，蒜皮破裂，不完整。劣质蒜头的蒜皮破裂，蒜瓣不完整，有虫蛀，蒜瓣干枯或发芽、变软、发黄，有异味。

⊙青蒜：选购时注意叶片不要太干，太干的口感较老，吃在嘴里有点粗糙，叶片和茎都比较柔软的青蒜最好。在南方有个品种叫"软骨蒜"，蒜白的部分比较长，而且比较柔软，用手折一下就能感觉到。软骨蒜的味道更香，但是不辣，适合不喜欢蒜辣味的人选择。

⊙蒜薹：选购时应挑选条长翠嫩，枝条浓绿，茎部白嫩的。如尾部发黄，顶端开花，纤维粗老的则不宜购买。蒜薹老嫩的鉴别方法是，用指甲掐一下，如易掐断浸液又多者为嫩，反之为老。

⊙蒜黄：品质好的蒜黄应柔软细嫩，植株肥壮，叶呈蜡黄色，叶尖稍带浅紫色，基部嫩白，叶尖不烂、不干，富有清香味，辣味不浓。

蒜的贮存

⊙挂藏法：大蒜收获时，对准备挂藏的大蒜要严格挑选，去除那些过小、茎叶腐烂、受损伤和受潮的蒜头，然后摊在地上晾晒至茎叶变软发黄，大蒜的外皮已干。最后选择大小一致的 50 ~ 100 头大蒜编辫，挂在阴凉通风干燥的地方，使其风干贮存。

⊙堆藏法：大蒜收获后，去除散瓣、虫蛀、带有霉变及受伤的蒜头，堆放好，以免雨淋腐烂。堆一周左右，进行一次放风。这样反复进行两次，使大蒜全部干燥，然后转移到室内通风处，堆放在贮藏室或大竹筐内，保持低湿干燥的条件，并经常检查。

⊙埋藏法：埋藏沟的宽度为 1 ~ 1.5 米。大蒜埋藏后，不能随时进行检查，为避免在贮藏时腐烂损失，应该在埋藏前严格挑选那些无病、无损伤的大蒜进行贮藏。大蒜的埋藏一般选用砻糠作覆盖物，首先在沟底部铺一层 2 厘米厚的砻糠，然后一层大蒜一层砻糠，层层堆至离地面 5 厘米左右时，用砻糠覆盖，以造成一定的密封条件。降低氧气含量，抑制大蒜的呼吸作用，有利于贮藏环境中二氧化碳的沉积，为大蒜贮藏提供良好条件。

⊙串挂贮藏：采收时将大蒜植株连根拔起，剔除过大、过小、腐烂、机械损伤和雨淋受潮的蒜头，再用刀沿鳞茎底盘将根须及夹带的一部分茎盘削去，只留下 10 ~ 15 厘米假茎，注意要削平茎盘。经曝晒或人工干燥后，将蒜头假茎用镀锌铁丝串起来，悬挂在干燥通风处，或先将每 8 ~ 10 只蒜扎成一把，再一排排串挂在干燥通风处的铁丝或尼龙绳上自然风干。夏秋季可悬挂在临时凉棚或通风贮藏室内；冬季最好移入通风贮藏库内，以避免受潮受冻。

⊙砻糠埋藏：在箱、筐或埋藏坑的底部先铺一层厚约 2 厘米的砻糠，然后一层蒜头、一层砻糠，层层堆积至离容器口 5 厘米左右，用砻糠覆盖，使蒜头不暴露在空气中。

⊙塑料袋密封贮藏：将大蒜装入塑料袋中，密封袋口。被封在袋里的大蒜呼出的二氧化碳气体散发不出去，提高了袋中二氧化碳的浓度，相对地降低了氧的含量，同时又缺乏水分的吸收，大蒜会处于休眠状态。

⊙简易贮藏法：蒜头收获后，可就地或放到空闲地里晾晒。晾晒时，用蒜叶盖住蒜头，重点晒蒜秸、蒜叶。待蒜秸基本干后捆把，把蒜把竖放使其继续晾晒。待蒜秸和蒜头晒干后，再行垛垛，上边用席子、草苫盖好防雨，四周围箔，以利蒜头呼吸散热，防止蒜头受潮。15 天左右倒一次蒜垛，晾晒一会重新垛好。待入伏后，移进房屋内贮藏留种。

厨房巧用蒜

⊙去腥提鲜。如炖鱼、炒肉时可投入蒜片或拍碎的蒜瓣。

⊙明放。烹调烧茄子、炒猪肝或其他烩菜，放几瓣蒜可增添菜的香味。

⊙蘸吃。如吃饺子时蘸小磨香油、酱油、辣椒油浸泡的蒜汁，既开胃利口，又可以预防肠道疾病。

⊙拌凉菜。用拍碎的蒜瓣或捣碎的蒜泥拌黄瓜、调凉粉，鲜香辣味更浓。

⊙把蒜末与葱段、姜末、料酒等兑成汁，可以做出各种风味炒菜。

⊙炒菜用的蒜一般需要将蒜剁碎，用以爆锅。将几瓣带皮的蒜瓣放在案板上，用菜刀拍两下，将大蒜拍扁，蒜皮拍裂，再剥蒜就非常容易了。

⊙剥少量完整的蒜也可用开水泡。将蒜头掰开，分瓣浸泡在开水中，泡一两个小时，就可以手到皮除了。

⊙剥大量完整的蒜。把蒜头掰开，用塑料袋装好，捏紧袋口，用力往台面上摔。借助蒜之间的摩擦和摔的力量，蒜皮就脱落了，再剥起来就容易多了。注意别摔得太用力啊，否则蒜也被摔碎了。

⊙在存米的容器中放几瓣大蒜，能防止米中生虫或爬进蚂蚁。

⊙在酱油瓶中放几瓣大蒜，能防止酱油变质，延长保存时间。

居家巧用蒜

⊙将大蒜去皮捣烂，与凉开水按1∶3的比例涂抹玉兰、桂花、茶梅、腊梅等的萌芽，可使其提前5～7天萌发。涂抹花卉修剪造成的剪口，可防止剪口干枯，促进萌芽整齐。

⊙紫荆、连翘等木本花卉根茎部分干枯腐烂后，用利刀消平，深达木质部，将病菌周围好皮切成60℃的光滑斜面，以露出黄绿相间的形成层为好，用大蒜瓣直接涂擦伤口，并使其附着一层大蒜黏液，7～10天涂抹一次，可起到防腐作用，在夏季效果更好。

⊙将大蒜捣碎，加水等份拌匀，再加水50份，搅拌均匀，随配随用。均匀喷洒在花卉叶片背面，可有效防治花卉蚜虫，若在其中加入适量大豆粉或洗衣粉等粘着剂，则效果更好。

⊙将大蒜捣碎后放于清水中浸泡12小时，连同水一起烧开，冷却后过滤，即成大蒜浸出液，将插花在10%的大蒜浸出液中浸泡10 ～ 20秒钟，可延长插花的花期。

⊙旅游出发前，把大蒜切成小片，贴在肚脐上，再用胶布或伤湿止痛膏固定，能使晕船、晕车、晕机现象减轻或消失。